U0038358

專家級多肉植物栽植密技

多肉品種圖鑑
&栽種訣竅

500個

鶴仙園・靏岡秀明◎著

歡迎光臨
令人深深著迷的多肉植物世界

　　我生於經營仙人掌、多肉植物專門店的家庭，從小在植物圍繞的環境中長大。國中時期就開始幫忙搬運資材與苗株，當父親從事栽種植物等園藝工作時，我則是一邊幫忙，一邊體驗學習著技巧。上大學後，因為父親腰痛的關係，我接下了仙人掌栽培場的管理工作，從失敗中學習到許多寶貴的經驗。大學畢業後，在前輩們的多方鼓勵下，我開始投入十二卷屬為首的多肉植物栽培，被前所未見的世界觀深深地吸引，希望協調地納入仙人掌與多肉植物，不間斷地努力學習當時日本栽培實例還相當少的嶄新多肉植物維護管理知識。

　　希望透過本書的出版，將我親身經歷累積，符合當前氣候與環境的栽培巧思傳達給更多人。不需要高難度維護管理，只要打造適合多肉植物生長的環境，任何人都可以很容易地展開栽培，投入後就會深深著迷，期盼本書能夠幫助你對多肉植物有更深一層的了解。

HIDEAKI
TSURUOKA

鶴仙園三代負責人　靎岡秀明

專家級多肉植物栽植密技
500個多肉品種圖鑑＆
栽種訣竅

contents

2 歡迎光臨
　令人深深著迷的多肉植物世界

7 **Part 1**
了解多肉植物

8 什麼是多肉植物？

10 主要的三種生長型

12 多肉植物的選購要點

14 多肉植物的基本栽培方法

16 擺放場所＆澆水

18 多肉植物健康生長的用土＆施肥

20 使用方便的栽培用盆器＆工具

22 多肉植物的移植＆換盆

24 多肉植物的繁殖方法

26 越夏＆過冬的栽培要點

28 組合盆栽的構成訣竅＆栽種方法

30 多肉植物的病蟲害對策

32 挑戰嫁接＆交配

34 **TOPICS** 多肉植物的故鄉

37 **Part 2**
多肉植物的
栽培行事曆＆圖鑑

Chapter1
景天科多肉植物

38 蓮花掌屬

40 天錦章屬

41 瓦松屬

42 擬石蓮花屬

48 伽藍菜屬

51 青鎖龍屬

55 風車草屬　風車草屬×景天屬

56 風車草屬×擬石蓮花屬

57 銀波錦屬

59 石蓮屬

60 佛甲草屬

63 長生草屬

65 仙女杯屬　奇峰錦屬

66 厚葉草屬　厚葉草屬×擬石蓮花屬

68 摩南景天屬

69 瓦蓮屬

Chapter2

番杏科多肉植物

70　花蔓草屬
　　櫻龍木屬

71　菱鮫屬　紫晃星屬

72　碧魚蓮屬　紅番屬

73　藻玲玉屬　蝦鉗花屬
　　拈花玉屬　對葉花屬

74　肉錐花屬

77　露子花屬　照波屬

78　天女屬　棒葉花屬
　　肉黃菊屬

80　光玉屬

81　生石花屬

Chapter3

仙人掌科多肉植物

84　圓筒仙人掌屬　仙人掌屬
　　雄叫武者屬

85　花籠屬　尤伯球屬

86　星球屬

88　岩牡丹屬　烏羽玉屬

90　金鯱屬　瘤玉屬
　　強刺球屬

92　鹿角柱屬

93　白裳屬　巨人柱屬
　　摩天柱屬

94　月世界屬　姣麗球屬
　　斧突球屬

95　極光球屬　溝寶山屬
　　花飾球屬

96　裸萼球屬　頂花球屬

98　菊水屬　乳突球屬

102　六角柱屬　龍神柱屬

103　敦丘掌屬　灰球掌屬

104　錦繡玉屬　花座球屬

105　土童屬　絲葦屬

Chapter4
蘆薈科多肉植物

106　龍舌蘭屬

108　松塔掌屬　厚舌草屬

110　蘆薈屬

112　哨兵花屬　香果石蒜屬
　　　叢尾草屬

113　虎眼萬年青屬　麟芹屬

114　虎尾蘭屬

115　銀樺百合屬　納金花屬

116　十二卷屬

Chapter5
大戟科多肉植物

120　大戟屬夏型種

123　大戟屬冬型種

Chapter6
塊根植物＆
個性十足的多肉植物

124　假西番蓮屬　蓋果漆屬
　　　葡萄甕屬　白欖漆屬

126　沙漠玫瑰屬　棒槌樹屬
　　　麻瘋樹屬

128　回歡草屬　長壽城屬

130　百歲蘭屬
　　　非洲蘇鐵屬

131　苦瓜掌屬　星鐘花屬
　　　麗杯角屬

132　厚敦菊屬　黃菀屬

134　沒藥樹屬　決明屬
　　　乳香屬

135　岩桐屬　薯蕷屬
　　　刺眼花屬

136　豹皮花屬
　　　凝蹄玉屬

137　琉桑屬　椒草屬
　　　馬齒莧樹屬

139　福桂樹屬
　　　天竺葵屬　鳳嘴葵屬

141　植物名索引

Part

1

了解多肉植物

希望與多肉植物建立起良好關係,必須深入了解多肉植物的性質、原生地及喜愛的環境。
本單元將介紹澆水方法與擺放場所等,栽培多肉植物的基本知識。

什麼是
多肉植物？

多肉植物是根、莖、葉等的部分組織飽含水分，因而顯得特別肥厚的多肉質植物之總稱。多肉植物在沙漠般雨水稀少的乾燥環境也能生存，因此就算澆水頻率較少，還是會健康地生長。

外型獨特、色彩富有變化、開出可愛花朵的多肉植物種類也非常多。

請找出喜愛的多肉植物，深入了解其性質，懷著關愛之情，一邊觀察，一邊栽培吧！

以晶瑩透亮的窗最富魅力的
十二卷屬（玉露）

以玫瑰般漂亮葉片最迷人的
擬石蓮花屬

具有棘刺般花座的
大戟屬

以團團捲繞的葉子最獨特的
哨兵花屬

長著碩大簇狀葉的
龍舌蘭屬

多肉植物&仙人掌哪裡不一樣呢？

　　多肉植物中有一個種類稱為「仙人掌科」。仙人掌科植物的最大特徵是，具有棘刺與刺座（＝長出棘刺的基座），但其中不乏棘刺退化成綿狀或粉狀而不顯眼，乍看之下可能分辨不出是仙人掌的種類。

　　多肉植物中還包括部分大戟屬般，具有棘刺狀部分，但無刺座等，第一次看到的人很難分辨的種類。

刺座
仙人掌科植物中以具有棘刺與刺座，棘刺退化後，刺座依然存在的種類占多數。

星形仙人掌的同類
星球屬

被譽為沙漠寶石的
生石花屬

仙人掌科多肉植物‧花也很可愛的
乳突球屬

塊根植物的同類‧根部肥大成壺狀的
沙漠玫瑰屬

主要的三種
生長型

依生長時期差異，多肉植物大致分成三種類型。栽培重點在於「生長期澆水與施肥，休眠期或半休眠期減少澆水與施肥」。休眠期過度澆水與施肥，植株可能枯萎或受損。因此栽種多肉植物時，必須深入了解其生長型。

栽培前還必須了解多肉植物是自生於什麼樣的環境。自生於雨量稀少的高溫乾燥場所呢？還是長在赤道上的高山崖壁呢？多肉植物的栽培管理，也會因為其自生環境而大不同。

春秋
型種

生長期為氣候穩定的春季與秋季。通常夏季生長緩慢，進入半休眠期。生長適溫為13至25℃，因此寒冬與盛夏必須減少澆水。

佛甲草屬

擬石蓮花屬

長生草屬

天錦章・碧魚蓮屬・瓦松屬・擬石蓮花屬・風車草屬・風車草屬×擬石蓮花屬・銀波錦屬・佛甲草屬・長生草屬・十二卷屬・厚葉草屬・厚葉草屬×擬石蓮花屬・瓦蓮屬 等

十二卷屬

龍舌蘭屬

沙漠玫瑰屬

棒槌樹屬

夏
型種

春季至夏季氣溫20至35℃時期生長。盛夏生長緩慢，必須擺在遮光、通風良好的場所越夏。冬季休眠期減少澆水，移往溫室或室內窗邊等，確實作好保護措施。

龍舌蘭屬・星球屬・沙漠玫瑰屬・岩牡丹屬・蘆薈屬・百歲蘭屬・非洲蘇鐵屬・沒藥樹屬・虎尾蘭屬・棒槌樹屬・乳香屬・乳突球屬・麻瘋樹屬・烏羽玉屬 等

乳突球屬

生石花屬

棒葉花屬

哨兵花屬

冬
型種

生長適溫為冬季至春季的5至23℃，不耐5℃以下低溫。夏季休眠期減少澆水，擺在通風良好，不會淋到雨的場所吧！

哨兵花屬・蝦鉗花屬・肉錐花屬・黃菀屬・銀樺百合屬・刺眼花屬・棒葉花屬・對葉花屬・天竺葵屬・摩南景天屬・生石花屬 等

肉錐花屬

多肉植物的
選購要點

入手健康漂亮的植株，才能夠盡情享受栽培樂趣，與多肉植物更長久相處，一起來了解選購苗株的注意事項吧！

建議從秋季或春季
開始栽培的多肉植物

　　相較於夏季與冬季，春秋季節氣候穩定，更適合栽培多肉植物。若是第一次挑戰，建議從春季或秋季開始栽培，失敗率更低，相對地樂趣更高，更容易持續栽培。

　　多肉植物的種類非常多，流通市面的種類因季節而不同，春季與秋季是店面陳列更多種類多肉植物的時期。從許多苗株中選出一株喜愛的多肉植物，這是非常有趣的事情。也建議參加多肉植物愛好者團體或專門店舉辦的展示會、展示特賣會等活動。

最適合初學者栽培的是
佛甲草屬・擬石蓮花屬
十二卷屬等種類

　　日本冬季氣候寒冷，佛甲草屬、擬石蓮花屬、十二卷屬等多肉植物，具耐寒性易栽培，可說是比較適合初學的種類。

　　多肉植物大多自生於沙漠等溫差大、易乾燥的嚴峻環境，但當地的冬季寒冷時期，通常不像日本那麼長久。寒帶等地區栽種多肉植物時，必須依據地區氣候狀況，確實地作好保護措施。但若是日本關東以西的溫帶地區栽種，挑選佛甲草屬、擬石蓮花屬、十二卷屬等種類，春季與秋季植株生長狀況良好，冬季亦可擺在室外或簡易溫室等場所栽培。

2　1

3

1 葉片漂亮，形狀酷似玫瑰花的擬石蓮花屬多肉植物，另有深茶色與紅紫色等品種。葉色與形狀豐富多元。圖為擬石蓮花屬Onslow。**2** 虹之玉錦，容易栽培，秋季呈現紅葉的姿態也深具魅力。**3** 姬玉露。透明窗漂亮得宛如寶石一般。

1 **1** 插著標籤，上面清楚記載著植物名稱的植株，買回家後更方便管理照料。**2** 間隔適當距離，整齊排放多肉植物的專門店。一盆盆地陳列在遮雨棚下空間，喜愛強光的種類擺在最外側。

2

向管理嚴格的店家購買

挑選時

仔細確認品種名

向日照充足、通風良好、管理嚴格的店家購買吧！擺在良好環境的苗株，買回家後更容易栽培。

原本擺在陽光照不到的室內賣場的苗株，買回家後若馬上暴露在直射陽光下，易出現「葉燒」現象，葉片呈現燒傷狀態，甚至傷害到植株。請參考P.15作法，利用面紙或寒冷紗，調節光線強度，幫助多肉植物及早適應新環境。

了解購買的植株種類與品種名，有助於往後的管理照料。建議購買附帶標籤，上面清楚記載著品種名的植株吧！

1 2

建議挑選

株形穩重結實

顏色漂亮有光澤的植株

避免挑選徒長而枝條纖細，節距太大，或葉色太淡又模糊的植株。斑葉品種則挑選葉斑、紋路清晰，葉綠素顏色確實的植株吧（部分例外）！

挑選株形穩重結實，葉、莖、主莖顏色漂亮有光澤的植株吧！開花品種則挑選花型姣好，花色鮮豔的種類。

1 顏色漂亮有光澤、花型姣好的沙漠玫瑰。**2** 植株穩重結實，葉綠素顏色確實的恐龍臥牛。

多肉植物的 基本栽培 方法

栽培前必須先打造一個適合多肉植物生長的環境。對多肉植物懷著關愛之情，仔細地觀察，依據種類，進行調整。多花一些心力與關愛，就會栽培出健康生長、株姿漂亮的多肉植物。

多肉植物是「植物」
光·水·用土·通風
當然很重要

多肉植物是「植物」，植物是需要陽光的生物，必須適度地照射陽光才不會枯萎。希望在室內栽培多肉植物的人想必不少吧！但擺在室外才能栽培成最漂亮的狀態。適合生長的「光」、「水」、「用土」與「通風」為栽培多肉植物的必要條件。每天都懷著關愛之情，仔細地觀察，就能馬上了解多肉植物的生長狀態變化。

長出子株，栽培到幾乎爆盆的十二卷屬多肉植物。細心栽培，避免罹患腐根病，直接照料至適合移植的時期。

購買多肉植物後
直接照料至適合移植期

購買草花苗、盆花後，通常都會移植改種，多肉植物買回家後，最好直接擺在盆器裡，照料至適合移植的時期。多肉植物於不適當的時期移植，可能出現植株無法健康生長，或因植株受損而枯萎等情形。

多肉植物的生長週期因種類而大不同，大部分種類每年一次，於初春或秋季移植，就會健康地生長。夏型種於秋天移植時，維持根盆完整，掌握訣竅，即可避免植株出現生長趨緩的現象。

買回家後多花些心思照料，幫助苗株及早適應新環境

　　苗株生長狀況會因生產者或園藝店等的擺放場所而有所不同。例如，原本擺在陰暗室內賣場的苗株，買回家後，若馬上放在直射陽光強烈照射的場所，就可能擾亂苗株的生長狀況。購買後第一個星期，多花些心思照料，多肉植物的往後生長狀況就會出現明顯的差異。

　　利用裝水的噴霧器與面紙，就能調節光線的強度與濕度。

幫助苗株及早適應新環境

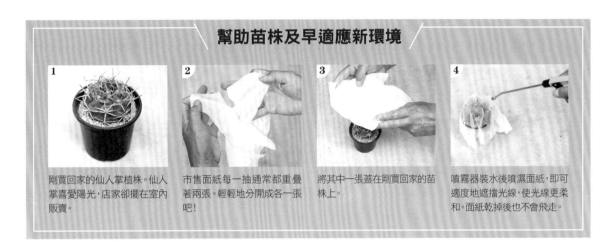

1　剛買回家的仙人掌植株。仙人掌喜愛陽光，店家卻擺在室內販賣。

2　市售面紙每一抽通常都重疊著兩張。輕輕地分開成各一張吧！

3　將其中一張蓋在剛買回家的苗株上。

4　噴霧器裝水後噴濕面紙，即可適度地遮擋光線，使光線更柔和。面紙乾掉後也不會飛走。

多肉植物健康地生長的栽培要點

　　訣竅為留意這五個最基本的栽培要點。了解這些要點，栽培技巧就大大地提升。

柔和光線
長久照射

促進
通風

作業進行
選定適期

澆水
以**生長期**為主

使用土壤
配合種類

擺放場所 & 澆水

日照與通風是順利栽培多肉植物的重要關鍵。澆水次數不需要太頻繁，但澆水方式必須隨著季節而改變。先了解擺放場所與基本的澆水要領吧！

東向、南向室外陽台或屋簷下
一天日照至少四小時的棚架等設施

將多肉植物擺在室外照得到陽光的場所栽培吧！放在不會直接淋雨的場所更容易栽培，因此建議擺在陽台或屋簷下。

方位以東向或南向為佳，一天日照四小時以上的場所就很適合。最適合多肉植物生長的是一天日照六小時以上的場所，但考量及一般居家狀況，這種環境應該很難找到吧！將多肉植物置於棚架或台子等設施上，避免整盆擺在地面上，促進通風，設法讓多肉植物更充分地照射光線吧！

A 燈光

使用日光燈或栽培植物專用LED燈等不會發熱的燈具，即可彌補日照不足，讓光線平均照射。

B 電風扇

通風也很重要。空氣不流通、環境太悶熱就容易引發疾病。使用小型電風扇就能輕易地改善通風狀況。

C 溫濕度計

夏季、冬季能夠立即了解溫度與濕度的便利工具。冬季必須了解栽培中多肉植物所能承受的最低溫度。濕度則是了解夏季悶熱程度的大致基準。

D 寒冷紗

調節日照條件的便利資材。適合越夏、過冬時期活用。生長期必須撤除寒冷紗以調節日照等。

活用便利資材
打造舒適的擺放場所

無法確保日照與通風時，活用資材便能彌補要素不足情形，打造多肉植物喜愛的環境。「日照好像不太充足」、「通風狀況好像不太好」，出現這種感覺時，請參考左側插圖，適度地採用資材吧！

使用寒冷紗
更方便控制日照

夏季期間，多肉植物通常都會進入休眠或半休眠狀態，休眠中直射陽光，可能造成損傷。使用寒冷紗就能輕易地調節日照，準備黑、白兩種寒冷紗，使用更方便。

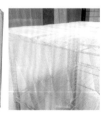

白色寒冷紗

遮光率22%的白色寒冷紗。可使日照更柔和，適合春季與秋季使用。

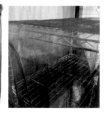

黑色寒冷紗

遮光率50%的黑色寒冷紗。可將強烈直射陽光調節成明亮半遮蔭狀態。適合夏季使用。

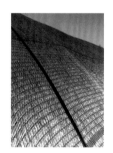

銀色寒冷紗

以發光纖維遮擋光線中的熱線，遮蔽陽光後，討厭夏季高溫的植物就會感到很涼爽。

Point1

使用盆底網
輕易地遮擋陽光

1 初夏購買的植株。日照突然增強，置之不理，易出現葉燒現象。

季節交替時期日照突然增強，或剛買回新植株等狀況下，利用盆底網就能取代遮陽設施，完成緊急應變措施。「對這株多肉來說，陽光似乎太強」，有這種感覺時使用最方便。

2 覆蓋盆底網，不需要準備寒冷紗，也能抵擋好幾天。

Point2

利用寶特瓶
確保空氣中濕度

1 拿掉寶特瓶蓋，以美工刀等切出孔洞後，以剪刀剪開。

拿掉寶特瓶蓋，切下瓶身上部，就能取代簡易溫室，緩和冬季乾燥程度。擺在日照充足的室外溫暖場所，也能適度地確保濕度，適合栽培十二卷屬等多肉植物時採用。

2 澆水後，等植物上的水滴乾掉才蓋上。

生長期充分澆水
休眠期減少澆水

進入生長期後，盆土乾掉時，澆水至盆底孔出水為止。訣竅是「盆土乾掉後充分澆水」。相對地，生長緩慢時期或休眠期減少澆水。多肉植物休眠期不吸水，太潮濕易造成損傷。一個月一次，迅速地噴霧以潤濕土壤等，依種類調節濕度。

生長期充分地澆水。由上方往整個植株澆水也沒問題。

2.5號塑膠盆，以圖中水量為大致基準。

左為乾燥狀態，右為濕潤狀態的鹿沼土。從顏色就能看出差異。

大噴壺、小噴壺、安裝蓮蓬頭的水管等，配合用途選用澆水工具。

以「盆底的粗粒盆底石乾了」
為澆水時間的大致基準

栽種時，盆底加入鹿沼土當作粗粒盆底石，觀察該顏色就知道需要澆水的時機。從盆土表面顏色看不出盆中濕度，但觀察盆底的粗粒盆底石，初學者也能輕易地判斷。充分澆水後牢記整盆重量，從重量就能了解澆水程度。

不同種類&時期的
澆水巧思&最好牢記的訣竅

仙人掌科烏羽玉屬般，長著綿毛或細小纖毛的多肉植物，利用澆水器，朝著盆土澆水，避免直接往葉子或纖毛上澆水吧！不太需要水分的休眠期或半休眠期，利用噴霧器，微微地針對整個植株進行的「噴霧式」澆水也能發揮效果。

烏羽玉屬澆水時，使用澆水器，即可避免澆在綿毛上。

澆水次數依據多肉植物種類，休眠期一個月數次，以噴霧器微微地澆水即可。

多肉植物健康生長的 用土 & 施肥

相較於草花與庭園樹木，多肉植物更喜愛排水良好的用土。生長期施肥即可使多肉植物更健康地生長。

適合大部分多肉植物採用的調配方式。使用微粒鹿沼土，排水良好，栽培細根類型多肉植物也能促進根部生長。

龍舌蘭屬、塊根植物、棘刺尖銳的仙人掌或大株多肉植物，建議通風狀況較差的場所採用的調配方式。使用小粒鹿沼土，適合栽培喜愛排水良好環境的多肉植物。

赤玉土 & 鹿沼土，混合土壤改良材料與施肥調配最基本的用土

希望多肉植物健康地生長，建議使用赤玉土與鹿沼土為基底的用土。過去以河沙或山沙為基底的用土為主流，現在，多肉植物越來越多樣化，因此以下列方式調配用土，希望更順利地栽培。相同方式調配的用土也很適合栽培仙人掌。

推薦用土調配比例

赤玉土	:	鹿沼土	:	輕石	:	生物施肥	:	燻炭	:	沸石	:	蛭石
4		2		1		1		1		0.5		0.5

適合多肉植物的用土 & 土壤改良材料

基本用土

赤玉土（小粒）
火山灰土的赤土篩選而成的弱酸性栽培用土。兼具透氣性、保水性、保肥性。

輕石（小粒）
質地輕盈的火山礫搗碎而成，多孔質栽培用土，排水良好，保水性適度。

鹿沼土（微粒）
日本栃木縣產鹿沼輕石種類之一，強酸性栽培用土，兼具透氣性與保水性。

鹿沼土（小粒）
小粒鹿沼土，排水性優於微粒類型，適合栽培喜愛乾燥的多肉植物。

鹿沼土（中粒）
中粒鹿沼土，適合當作粗粒盆底土。乾燥時變白，適合作為澆水的大致基準。

鹿沼土（大粒）
大粒鹿沼土。適合栽種塊根植物或仙人掌等大型品種、大型盆栽時，當作粗粒盆底土。

土壤改良材料

沸石（3mm）
多孔質礦物，混入土壤後使用即可淨化水質，亦可取代化妝沙，更充分地運用。

燻炭
稻殼低溫燻烤促使碳化後完成。混入栽培用土即具備淨化土壤，抑制土壤傾向酸性等作用。

蛭石
礦石高溫燃燒後完成，具備軟化土壤作用。當作播種用土傾向化更便利。

更靈活地運用市售「仙人掌・多肉植物用土」

市面上販售的仙人掌・多肉植物栽培用土，以仙人掌用為大宗，由於排水太好而不適合多肉植物生長的情形很常見。市售用土混入20％左右的赤玉土（小粒），適量添加施肥後使用，多肉植物生長狀況一定會更好。

市售仙人掌多肉植物用土 ＋ 混入20％赤玉土（小粒） ＋ 適量添加施肥

配合生長期
於栽種＆移植時施肥

　　多肉植物原生於沙漠或瓦礫地等，土壤比較貧瘠的場所，因此肥份較少也能生長。於休眠期、半休眠期施肥進行追肥時，可能出現植株受損、突然枯萎等情形。易導致紅葉種類顏色模糊，無法呈現出漂亮顏色，需留意。生長期栽種或移植多肉植物時施肥，以有機質施肥與化合施肥為主，需區分使用，混入栽培用土裡。

生物施肥
靠微生物的力量促使有機物質發酵、熟成的固體施肥，亦可混入栽培用土裡當作基肥。

緩效性化合施肥
以化學方式合成的施肥，除了氮、磷、鉀成分之外，還會慢慢地溶出礦物質成分。施用基肥與進行追肥時使用最便利。

栽種或移植時，栽培用土施以一小撮施肥，避免施肥接觸到根部，上面再加上少許用土，即可種入多肉植物。

一至兩年一次的移植作業中
栽培用土施以緩效性化合施肥

　　多肉植物的栽種、移植作業，最好一至兩年一次，於生長期進行。栽種、移植時，盆裡用土施以一小撮緩效性化合施肥效果更好。但需盡量於生長期之前或期間施肥，避免於休眠之前與生長緩慢時期施用。

生長期以速效性液肥＆
活力素進行追肥

　　相對於長時間緩慢地持續發揮效果的固體施肥，液肥、活力素的效果更迅速。液肥加水稀釋後裝入噴壺等，即可輕易地於多肉植物生長期進行追肥。相較於規定倍數，建議降低稀釋濃度，間隔適當距離後噴灑。活力素用法也一樣。

將液肥與活力素裝入噴壺，以水稀釋後，於多肉植物的生長期進行追肥。休眠之前避免施用。

多肉植物喜愛施肥程度超乎想像

多肉植物原生於水分、養分都很稀少的沙漠等地帶，但喜愛施肥的程度卻超乎想像。生長期施肥，多肉植物迅速地吸收肥份。構成施肥基底的是混入栽培用土的有機質施肥，但必須依據植物種類與生長情形，添加緩效性化合施肥或併用液肥等，明確地區分使用。

使用方便的栽培用
盆器&工具

多肉植物栽培以盆植為基本。挑選喜愛又適合栽培多肉植物的盆器吧！熟悉便利栽培工具的用法，日常維護管理更有趣。

1 陶瓦盆（經過油漆），觀察盆器側面就了解乾濕狀況。**2** 種入外觀華麗的陶盆，更令人愛不釋手。**3** 栽培仙人掌科多肉植物時，建議使用塑膠盆。

適合栽培多肉植物的盆器為
塑膠盆·陶盆·馱溫盆

外觀差強人意，但就栽培效率與栽培方便性而言，塑膠盆名列前茅。不會太笨重，輕盈好移動，因此使用起來很方便。尤其是仙人掌，根部溫暖，生長狀況會更好，因此以盆土溫度上升較快的塑膠盆最適合。種入陶盆、馱溫盆、陶瓦盆等盆器裡維護管理亦可。仔細地分辨盆器性質後使用吧！素燒盆乾燥速度快，栽種多肉植物時需要多花些心思照料。

搭配托盤時，澆水後就必須倒掉積水。

底部有大排水孔的陶盆。外觀漂亮，有大盆底孔，適合栽種多肉植物的盆器越來越常見。

建議使用盆底孔較大的盆器
避免托盤裡積水

挑選盆器時，選擇大小相同，但盆底孔較大者，可以更順利地栽培多肉植物。與漂亮托盤構成一整組的盆器也很常見，採用時，若托盤裡積水，千萬別置之不理，澆水後就倒乾淨吧！托盤一直處在積水狀態，擺放多肉植物時，就很容易引發根腐病而傷害到植株。

採用無盆底孔盆器時
使用沸石，減少水量
悉心管理

多肉植物健康生長的重要關鍵在於排水。使用無盆底孔盆器時，根部周圍經常處於潮濕狀態，植株容易損傷。

因此，無盆底孔盆器並不推薦採用，無論如何都想採用時，建議先加入沸石等至大約遮蓋住盆底的高度，再加入栽培土，才種入多肉植物。減少澆水量，悉心管理，澆水後，避免盆底積水高度超過盆器的1/3。

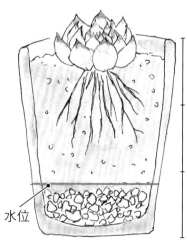

沸石為多孔質礦物，具淨化水質、控制濕度作用，是目前最廣泛用於預防根腐病的資材。

水位　1/3以下

1 種著植物的左側盆為2.5號（直徑約7.5cm），右側盆為3.5號（直徑約10.5cm），皆為塑膠盆。2 將植株擺在移植用盆上，確認盆器是否大小適中。

根盆周圍還有一根手指左右的空間
依此基準找出大小適中的移植用盆

　　植物長滿盆器，盆底孔看得到根部，即表示該移植換盆了。根盆周圍還有一根手指左右的空間，依此基準找出大小適中的盆器。以一至兩年一次的間隔，經過多次移植後，就能順利地栽培出株形穩重結實的多肉植物。

小型土鏟・鑷子等
使用方便的栽培工具

　　栽培多肉植物的日常用工具為剪刀、鑷子、土鏟等。備有可夾住仙人掌以方便移植的大鑷子、可夾掉受損葉片與塞在葉子之間的垃圾等，形狀較細的中型鑷子更便利。以2.5號至4號盆栽種、移植多肉植物時，建議使用形狀較細的小型土鏟。鐵絲可支撐尚未長根的苗株。

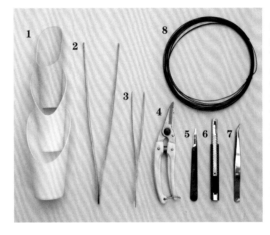

1 備有形狀較細的小型土鏟更便利。依據盆器尺寸，換用不同大小的土鏟，可使栽種作業更順利地完成。2 可夾住仙人掌的大鑷子。3 用途廣泛、形狀較細的中型鑷子。4 剪刀。5 小刀。6 美工刀。7 小鑷子。8 盆栽用細鐵絲。

上：適合修剪塊根植物等的剪定鋏。下：方便移植、插芽等作業使用的園藝剪。

依據栽培的植物種類
準備銳利的剪刀

　　小型種多肉植物進行移植、分株、插芽等作業，使用刀刃部位較細的園藝剪較方便。將刀刃部位插入混雜生長的莖部之間進行疏剪，或將纖細植株基部分成兩部分時，使用最方便。修剪生長較快、枝條粗壯的塊根植物時，以能夠剪斷鉛筆般粗細枝條的剪定鋏最活躍。刀刃不銳利易造成手部負擔，因此建議使用銳利的剪刀。

插芽・分株後還不穩定的苗株
以鐵絲支撐

　　分株、插芽等繁殖之際，栽種尚未長根的苗株時，將苗株固定在盆器上以避免動搖，有助於苗株更早、更確實地扎根。動搖尚未長根的苗株，將嚴重影響根部生長，易導致植物生長狀況變差或生長變慢。固定一至兩個月，苗株長根後即可拆掉鐵絲。

直徑1.5mm的盆栽用鋁線。強度適中，容易剪斷與彎曲。

配合苗株大小，修剪鐵絲後，摺成U型。

將鐵絲搭在葉片或植株的凹處，兩端插入栽培用土裡，適度固定以避免苗株動搖。

多肉植物的
移植
&換盆

一為破壞根盆，根部剪短，加以整理後栽種的「移植」。一為不破壞根盆直接種到更大盆器裡的「換盆」。單元中將分別解說這兩種方法，希望多肉植物栽培技巧能有所提升。

擬石蓮花屬 桃太郎移植

必備用品：盆（3.5號：1個）・鹿沼土（中粒）・多肉植物用土・沸石（小粒）・土鏟・鑷子・殺蟲劑（Orutoran DX・粒劑）
苗：擬石蓮花屬 桃太郎

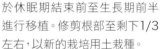 移植實例

於休眠期結束前至生長期前半進行移植。修剪根部至剩下1/3左右，以新的栽培用土栽種。

① 由栽培盆取出植株，鬆開根盆，清除土壤至剩下1/3左右。

② 還留在植株基部的受損葉片，必須清除乾淨。留下受損葉片，易引發病蟲害。

③ 整理根部，去除細根與受損根，整理根部至剩下1/3左右。

④ 使用3.5號盆，加入鹿沼土至距離盆底約2cm處後，加入栽培用土約盆高2cm。

⑤ 添加殺蟲劑約0.5g，接著加入少許栽培用土。

⑥ 一手扶著步驟（3）的植株，一手加入用土，進行栽種。

⑦ 栽種後，用土表面薄薄地鋪上一層沸石。鋪沸石至距離盆緣約1cm處。

⑧ 盆底往檯面上敲打，促使用土更扎實。

擬石蓮花屬 桃太郎換盆

換盆實例

生長期至休眠期之前進行換盆。不破壞根盆，種到大一輪的盆器裡。

必備用品：盆（3.5號：1個）‧鹿沼土（中粒）‧多肉植物用土‧沸石（小粒）‧土鏟‧鑷子‧殺蟲劑（Orutoran DX‧粒劑） 苗：擬石蓮花屬 桃太郎

1 由栽培盆輕輕地取出植株。根盆維持原狀不破壞。

2 使用3.5號盆，放入鹿沼土至距離盆底約2cm處後，加入栽培用土約盆高2cm。

3 添加殺蟲劑約0.5g，接著加入少許栽培用土。

4 加入一小撮緩效性化合肥料後，接著加入少量栽培用土。

5 一手扶著步驟（1）的植株，一手加入用土，進行栽種，用土表面薄薄地鋪上一層沸石。

移植後澆水至盆底孔流出清澈的水

移植後盆栽充分澆水，至夾雜栽培用土中的「微粒」完全排出，即可大大地提升排水性與透氣性。充分澆水，促使水滲透入土壤裡，同時靠水的力量，確實地排出微粒。

1 移植後第一次澆水，充分澆水以促使微粒排出。

2 依然排出茶色水，再度充分地澆水。

3 盆底流出透明狀態的水即可結束澆水。

多肉植物的
繁殖方法

多肉植物可透過各種方法進行繁殖。繁殖適期以生長期為主，越細分，苗株生長所需時間越長。針對已經長根的植株進行分株，這種「分株」方式容易成功，比較適合初學者採用。

以淺盤育苗的肉黃菊屬。即便一起播種，生長速度與形狀等還是充滿著變化。

分株

由親株取下已經長出根部的子苗，種入另一個栽培盆或盆器裡。

十二卷屬分株情形。以手剝開就能分開植株，但以美工刀由上側劃出切口更好。

長生草屬的分株方法。連同根部，分取親株周圍長出的子株，栽種後更快存活。

胴切

（俗稱砍頭）利用美工刀等，由仙人掌等植物的主莖或凹處切下，切口乾燥後促進發根。

以美工刀切割團扇仙人掌科Bonnieae的情形。

灰球掌屬的長刺武藏野。由凹處的節點部分切下後繁殖。

十二卷屬分株情形，由主莖切下後，分成兩部分，基部的葉亦可進行插葉繁殖。

扦插

木質化大戟屬多肉植物或塊根植物的同類等，剪下部分枝條後當作插穗。

大戟屬的麒麟花，剪下部分枝條，當作插穗，即可繁殖。切口流出白色液體時，需以水沖洗。

插芽

插芽為難度略高於分株的繁殖方式。由葉片下方剪斷莖部，切口乾燥後促進發根。

擬石蓮花屬插芽方法。莖部盡量留長一點，切口乾燥後插入土裡。

空中發根的佛甲草屬，連根剪下後，種入栽培用土裡，馬上就長根。

播種

十二卷屬或仙人掌等以播種方式也很容易繁殖。種子採收後立即播種。

將十二卷屬的種子，撒在濕潤的蛭石上。

兩週左右就會發芽，圖為三個月後狀態。已經長出飽滿厚實的葉片。

插葉

佛甲草屬、擬石蓮花屬等，摘下葉子，擺在用土上就會發根，長成幼苗。

摘取下葉，擺在乾燥的栽培用土上的佛甲草屬。直接擺在明亮的場所管理。

三週左右就會發芽，由發芽處長根。

越夏 & 過冬的栽培要點

越夏與過冬是栽培多肉植物的兩大關卡。日本夏季濕度高、易悶熱，冬季氣溫低，植物易受損，因此，需要謀求因應對策的種類非常多。

確實作好越夏對策的溫室。光線太強的種類，覆蓋寒冷紗，調節光線。覆蓋白色寒冷紗使光線更柔和。

電風扇
夏季期間必須促進通風，除了開關窗戶調節通風狀況之外，也建議使用電風扇。

黑色寒冷紗
栽種斑葉品種等，葉子易出現葉燒現象的種類時，以黑色寒冷紗調節光線，打造明亮遮蔭環境。

白色寒冷紗
需要遮擋直射陽光，形成柔和光線時使用最方便。依據栽培種類，改變覆蓋層數，即可微調光量。

促進通風
以寒冷紗調節光線強度
讓植物更順利越夏

生長期為夏季的植物，耐暑能力通常比較強。但濕度太高時，植株易受損。移往通風良好的場所，或利用電風扇等促進通風吧！

夏季日照強烈，光線太強時，易引發葉燒現象。栽種不耐強光的種類時，覆蓋白色寒冷紗或移往半遮蔭場所即可。

冬型種或春秋型種邁入夏季後，通常進入休眠狀態或生長變慢。必須移往半遮蔭等場所，促進通風、減少澆水，悉心維護照料。

避免直接擺在陽台上
建議置於通風良好處

直接擺在水泥地上，易因水泥地的輻射熱而加劇高溫悶熱造成的傷害。因此建議置於通風良好的檯子上。擺放場所需避開冷氣室外機的熱風排放處。鋪設人工草皮也是不錯的方法。

陽台地面鋪設人工草皮，盆與盆間隔適當距離以促進通風。檯子上擺放淺盤，並排栽培盆亦可。

移往室內照得到陽光的窗邊或簡易溫室，確實作好過冬保護措施

多肉植物組織中大量儲存水分，易因凍結而出現化水（果凍化）現象。冬季期間需移往室內照得到陽光的窗邊或簡易溫室等場所，確實作好保護措施。

栽種耐寒能力較強的佛甲草屬、長生草屬等多肉植物時，冬季期間的日間可擺在照得到陽光的室外。溫帶

地區栽培擬石蓮花屬時，擺在日照充足，有遮陽棚的南向棚架等設施上就能過冬。仙人掌等的夏型種必須置於有暖氣設備的溫室，最低溫度控制以5℃為大致基準，耐寒能力較弱種類則需以暖氣設備與資材等，確實作好防寒措施，最低溫度確保10℃以上。

大型簡易溫室。園藝用品賣場等就能輕易地買到更小型的溫室。加上兩層塑膠布，大幅提升保溫效果。

日間換氣

溫室與簡易溫室，冬季期間，日間溫度與濕度可能大幅升高。天氣晴朗時，日間必須加強換氣。

黑色寒冷紗

黑色具備吸收光線而使溫室內更溫暖的效果，圍繞簡易溫室側面設置，就能提升保溫效果。

夏型種塊根植物與仙人掌，以移入10℃以上溫室過冬最理想。

鶴仙園本店的溫室。屋頂上覆蓋黑色塑膠布，遮陽設施因季節而不同。

夏型種塊根植物
或仙人掌等
以溫室管理最理想

耐寒能力較弱的仙人掌或夏型種塊根植物等，冬季期間必須擺在最低溫度為5至10℃的環境維護管理。日本除了寒帶地區之外，即便平地栽培，還是以具備溫度與濕度調節功能的溫室最理想。置於室內時，必須擺在不會受到暖氣設備影響的明亮窗邊等，促進通風等好讓空氣更流通。

組合盆栽的 構成訣竅&栽種方法

多肉植物的葉色、葉形富於變化，充滿獨特個性。組合栽種性質類似的種類更賞心悅目。針對盆器的顏色與形狀，多花些心思選搭，構成最喜愛的組合盆栽吧！

擬石蓮花屬的綠冰、風車草屬的姬朧月及佛甲草屬構成的組合。性質相似的種類更容易構成組合盆栽。

挑選生長週期相似，體質強健的品種

以多肉植物構成組合盆栽時，建議挑選生長週期與栽培方法類似的種類，依序種入同一個盆器裡。例如以生長期為春季與秋季的擬石蓮花屬為主角時，於佛甲草屬、青鎖龍屬等，生長週期同樣屬於春秋型種的多肉植物中，搭配體質強健的品種吧！

苗盆數為3・5・7奇數，構成的組合盆栽更漂亮

以3・5・7的任何一個苗盆數為構成組合盆栽的苗數，即可更順利地組合。栽種時，苗盆表面土壤高度相同，完成的組合更美觀。決定盆器與植物葉色搭配後，加入一盆紅色多肉植物與石子等，構成的組合盆栽更精美耀眼。

多肉植物組合盆栽的作法

創作多肉植物組合盆栽時，適期為栽種對象植物的生長期。進入休眠期與半休眠期之前應避免。

必備用品：盆（4號）・鹿沼土（中粒）・多肉植物用土・沸石（小粒）・土鏟・鑷子・盆底網・火山岩（裝飾用 適量）・殺蟲劑（Orutoran DX・粒劑） 苗：佛甲草屬 乙女心・虹之玉・春萌 黃菀屬 大弦月城 風車草屬×擬石蓮花屬 Opalina各一盆。

1 配合盆底孔大小，鋪上盆底網。

2 加入鹿沼土至距離盆底約2cm處，當作粗粒盆底土。

3 加入栽培用土約盆高2cm。

4 添加殺蟲劑約1g。

5 再加入栽培用土。

6 栽培用土高度調節至距離盆緣約1cm處。

(7) 配置苗株與火山岩等，決定整體配置。

(8) 由栽培盆取出苗株，觀察根盆狀態。

(9) 根部密集生長時，鬆開根部，去除土壤約1/2。

(10) 完成苗株配置後，一手支撐苗株，一手加入栽培用土，進行栽種。

(11) 加入用土後，輕輕地拍打盆器，促使用土更落實。

(12) 觀察整體協調狀態，以鑷子微調植物方向與高度。

(13) 配置火山岩。不是輕輕地擺放喔！微微地埋入土裡更穩固。

(14) 以沸石為化妝砂，鋪在盆土表面，既可避免太悶熱，看起來更美觀。

剛完成組合盆栽的澆水要點

完成組合盆栽後，立即充分地澆水。重點為確實澆水至盆底流出清澈的水。第一次澆水，充分澆水促使盆器裡的不必要微粒排出，大大地提升排水效果，多肉植物就更健康地生長。

1 以輕柔的水流充分地澆水。

2 盆底孔排出濁水時，多澆幾次，澆水至排出清澈的水。

左下起順時針方向：佛甲草屬 乙女心·虹之玉·春萌。黃菀屬 大弦月城。風車草屬×擬石蓮花屬Opalina各一盆，5株多肉植物的組合盆栽。

多肉植物的 病蟲害對策

相較於草花與蔬菜，多肉植物比較不會罹患病蟲害。了解多肉植物受害情形與症狀，早期發現、及早謀求因應對策吧！

害蟲對策首重防治 以噴灑殺蟲劑&早期發現最有效

必須積極謀求因應對策的是害蟲，確實作好防治工作，既可避免害蟲寄生，還具備預防病毒入侵作用。多肉植物的主要害蟲為蚜蟲、粉蝨、粉介殼蟲等吸汁性（又稱吸汁型）害蟲，與夜盜蟲等食害性（又稱噬害型）害蟲。栽種或移植多肉植物時，建議栽培用土事先混入粒狀滲透移行性殺蟲劑。

蚜蟲　好發於春季與秋季。媒介病毒病，排泄物易引發煙煤病。

粉蝨　體長1至2mm，由盆底寄生於根部，吸汁後繁殖。繁殖力旺盛。

粉介殼蟲

好發於春季與秋季，通風不良與日照不足場所，一年四季都可能發生。介殼蟲同類不易驅除。

煙煤病

蚜蟲、介殼蟲糞便是黑色煙煤狀黴菌繁殖主因。

夜盜蟲（幼齡幼蟲）

成長為老齡幼蟲後轉變成茶色，通常於夜間行動，但幼齡時期日間集體出現，對葉造成食害。

多肉植物害蟲防治訣竅

吸汁性害蟲與夜盜蟲的幼齡幼蟲等,栽種或移植多肉植物時,用土撒入滲透移行性殺蟲劑,幾乎都能防治。

塊根植物的害蟲,春季與秋季移入溫室前,針對容易寄生害蟲的葉與新芽噴灑殺蟲劑,即具有防治效果。

葉蟎與蚜蟲好發時期為春季與秋季。塊根植物使用噴劑更便利。移入溫室前也噴藥,事先防範更好。

Orutoran DX藥劑(粒劑)即屬於滲透移行性殺蟲劑。移植或栽種時混入栽培用土裡。

避免殺蟲劑直接接觸根部,施以藥劑後,加入少許栽培用土才種入苗株。

多肉植物的主要疾病&生理障礙
原因為太潮濕、悶熱、日照不足

多肉植物罹病主因以環境太潮濕為主。將多肉植物種到排水良好的用土裡,擺在通風良好的場所,生長緩慢時期與休眠期減少澆水,大部分疾病都可預防。

葉蟎　體長約0.5mm的蜘蛛同類,好發於減少澆水、夏季、移入室內管理時期。由葉背吸汁,留下白色細線狀傷口。

根腐病

太寒冷、根阻塞、排水差、太悶熱,多肉植物就容易罹患的疾病。

軟腐病

害蟲啃食或吸汁後,於葉片與莖部留下傷口,病菌入侵後引發,腐壞時發出惡臭。好發於梅雨、長期下雨時期。

挑戰 嫁接&交配

將兩個不同種類的植物體，接合成一個植物體的仙人掌「嫁接」，與透過交配創作出全新品種的「交配」，更進一步地挑戰這兩種繁殖技巧吧！

龍神木屬 龍神木，嫁接頂花球屬 象牙丸錦。以龍神木為砧木，繁殖力更旺盛。

以仙人掌屬 紅花團扇為砧木，嫁接花朵漂亮的羅碧浦西史嘉麗×阿蘭達的交配種，即可加速生長，促進開花。用於確認花色與作為交配親種。

仙人掌嫁接實例

旺盛生長的柱仙人掌等，嫁接生長緩慢，但顏色與花朵漂亮的仙人掌。嫁接適期為四月至五月。

必備用品：棉質疏縫線（適量）・美工刀　苗：Puna bonnieae 龍神木屬 龍神木

1 頂端嫁接Bonnieae，利用美工刀，由生長點下方1cm處切下。

2 以龍神木為砧木，利用美工刀，切掉頂端。

3 切出1.5至2cm切口。

4 保留中心的白色部分，以削鉛筆要領削尖。

5 步驟（1）的Bonnieae切口重新切割平整。

6 步驟（4）的龍神木切口同樣以美工刀重新切割平整。

7 嫁接的兩種仙人掌，斷面整齊切割成相同大小。

8 確認兩種仙人掌的切斷面確實緊密貼合。未確實貼合時，重新切割調整。

9 由上下左右纏繞疏縫線，固定嫁接的仙人掌至完全不會鬆動。纏太緊時，砧木易扭曲，需留意。

10 避免接合部位鬆動，由上方開始，一圈圈地纏線。

11 纏線後立在盆器裡，擺在通風良好的晴朗半遮蔭場所乾燥兩至三天。大約十天後，即可拆掉疏縫線，種入裝著栽培用土的盆裡。

左／散發漆黑光澤的十二卷屬鏡球（Mirror Ball）。希望透過交配創造出這麼夢幻的十二卷屬多肉植物。右／十二卷屬雪豹（Snow Leopard）。葉表布滿玻璃質顆粒，裡面有圓形窗，因此表面散發漂亮光澤。靇岡秀明創作。

十二卷屬交配實例

喜愛的十二卷屬多肉植物開花後，透過交配，創造新品種，播種後栽培。作業適期為開花期的四月至十月。

必備用品：鑷子　苗：同時期開始開花的十二卷屬多肉植物各一盆。

1 其中一株的花朵即將開花時摘除花瓣。

2 另一株的花朵完全開花後摘除花瓣，露出雄蕊。

3 以步驟（2）花朵的雄蕊花粉，塗抹步驟（1）花朵的雌蕊數次以促使授粉。

4 幾週後，子房膨脹，即表示已經成功授粉。

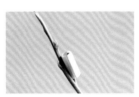

5 將吸管剪成長約2cm後套上，避免種子飛散。

6 種莢轉變成茶色後，表示種子已經成熟。

7 一個種莢可結5至15顆種子。

8 採收種子，避免四處飛散。

9 採播種子更容易發芽。將種子撒在濕潤的蛭石上。

10 播種後加蓋，蓋子形成透氣孔，確保適當濕度，擺在陰涼遮蔭處。

11 一至三週就會發芽。發芽後移到明亮遮蔭處照料，避免缺水。

多肉植物的故鄉

多肉植物大多自生於很少下雨、溫差劇烈變動等，環境非常嚴峻的地區。
因此，根莖葉等組織具有儲存水分與養分的特性。多肉植物為何形成那樣的特性呢？
深入了解多肉植物的故鄉與自生地環境，就能找到答案，得到栽培多肉植物的靈感。

南非 _Republic of South Africa_

從女仙類※到塊根植物
無數珍貴植物的自生地

肉錐花屬、露子花屬等女仙類，大戟屬、塊根植物、蘆薈等，種類豐富多元的多肉植物與塊根植物的自生地，多肉迷一直充滿著濃厚興趣的國度南非。幅員遼闊，與南非接壤的納米比亞共和國的「Namaqualand」地區，更因為自生於當地的珍貴植物而舉世皆知（圖／約16年前拍攝 霜岡貞男）。

※女仙：栽培供觀賞用的番杏科多肉植物。

「光堂」稱呼也赫赫有名，高聳入天際的Pachypodium namaquanum。自生於南非納馬庫蘭。

群聚生長的青鎖龍屬 玉稚兒。融入周圍的沙礫，不仔細看很容易錯過。

生長在夾雜著瓦礫，布滿岩石的地帶，綻放著鮮豔花朵的露子花屬植物。日本也很常見的松葉菊同類。

皮爾蘭斯蘆薈，植株高達10m。開黃色花，遠看就很醒目。莖部發揮儲水槽作用，是儲存水分的重要部位。

十二卷屬 玉扇，植株埋入土裡，只有窗的部分露出土壤表面。

群聚生長的肉錐花屬 雨月。南非是肉錐花屬植物廣泛自生的地區，開花期遍地開花。

非洲蘇鐵屬 Horridus，葉修長漂亮而格外引人注目。

大戟屬 Inermis，日文名「九頭龍」，獨特草姿令人聯想起希臘神話中的蛇髮女妖梅杜莎。

世界各地仙人掌迷最憧憬，充滿神奇色彩的阿塔卡馬沙漠

智利國土狹長，延伸至南美大陸，北半部為一望無際的阿塔卡馬沙漠，是世界知名的龍爪球屬仙人掌自生地區。

當地一年四季幾乎不下雨，多肉植物都是吸收隨著劇烈溫差變化而形成的夜露，或海上蒸發水分後形成的霧氣而生存。

（圖／大約15年前拍攝　霍岡貞男）

聳立在湛藍青空下的柱仙人掌，與據守相鄰位置的圓形極光球屬仙人掌。

自生於布滿岩石，沙礫混雜場所的極光球屬Sandillon。直徑可達到25cm。

世界各地仙人掌迷最憧憬，龍爪球屬Gigantea密集的自生地。生長在湛藍天空與碧藍海洋產生的霧氣中，充滿夢幻色彩的景色。

多肉植物的
栽培行事曆＆圖鑑

具有透明窗與蓬鬆柔軟纖毛等，種類豐富多元的多肉植物。
本單元中將分門別類地詳盡介紹多肉植物的栽培行事曆與栽培訣竅。

[本頁說明]

本書中分成Chapter 1.景
天科多肉植物、Chapter
2.番杏科多肉植物、
Chapter 3.仙人掌科多肉
植物、Chapter 4.蘆薈科
多肉植物、Chapter 5.大
戟科多肉植物、Chapter
6.塊根植物與個性十足的
多肉植物等單元，簡單明
瞭地介紹各類多肉植物的
性質與栽培方法。基本
上，各單元中記載都是依
日本五十音順序排列（部
分可能改變順序）。科名
等皆依據納入分類生物學
成果的APG體系。

A

依屬名分類，記載隸屬
的科名、主要自生場
所、日本栽培時的生長
型、根部類型、三等級
栽培難易度（★符號越
多難度越高）。

B

記載各種類植物特徵
與栽培相關建議。

C

詳細介紹一整年的生
長週期與各時期狀
態、作業適期、澆水
訣竅等寶貴的栽培資
訊。

D

介紹品種名或流通名、學名、品種
特徵、栽培注意事項。

E

詳細記載品種特徵、栽培要點、繁
殖方法等。

蓮花掌屬
Aeonium

Data

景天科	加那利群島 北非等
春秋型種（接近冬型種）	細根類型
難易度	★★難度稍高

黑法師
Aeonium arboreum Atropurpureum 'Schwarzkopf'
典雅的黑色葉最富魅力。建議擺在日照充足、通風良好的場所，將植株栽培長大。

斑葉黑法師
Aeonium arboreum var. *rubrolineatum*
帶褐色的淺紫色葉，分布著深紫色葉斑的漂亮品種。

特徵 & 栽培訣竅

特徵為花卉般的枝條尾端長著簇狀葉。討厭悶熱，栽培重點為梅雨季節至夏季，擺在通風良好的場所。長久下雨時期避免淋雨，用心選擇擺放場所吧！冬季期間接觸到霜易受損，出現化水現象，必須移往屋簷下或移入簡易溫室等溫暖場所，確實作好保護措施，避免最低溫度低於5℃。日照不足時，無法呈現漂亮葉色。徒長時需進行截剪，重新栽培，剪下的莖部可當作插穗。

艷日傘
Aeonium arboreum f. *variegata*
葉分布著淺黃色覆輪的人氣品種。覆輪品種中比較容易栽培的品種。

圓葉黑法師（Cashmere violet）
Aeonium 'Cashmere Violet'
酷似黑法師，葉子渾圓，易分枝，簇狀部分小巧凝聚。

蓮花掌屬栽培行事曆　春秋型種（接近冬型種）

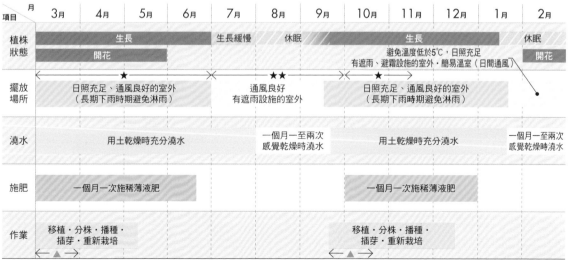

月 項目	3月	4月	5月	6月	7月	8月	9月	10月	11月	12月	1月	2月
植株狀態	生長				生長緩慢		休眠		生長			休眠
	開花							避免溫度低於5℃，日照充足 有遮雨、避霜設施的室外・簡易溫室（日間通風）				開花
擺放場所	★ 日照充足、通風良好的室外 （長期下雨時期避免淋雨）				★★ 通風良好 有遮雨設施的室外			★ 日照充足、通風良好的室外 （長期下雨時期避免淋雨）				
澆水	用土乾燥時充分澆水				一個月一至兩次 感覺乾燥時澆水			用土乾燥時充分澆水				一個月一至兩次 感覺乾燥時澆水
施肥	一個月一次施稀薄液肥							一個月一次施稀薄液肥				
作業	移植・分株・播種・ 插芽・重新栽培							移植・分株・播種・ 插芽・重新栽培				

▲噴灑殺蟲劑。　　★覆蓋白色寒冷紗。　★★覆蓋黑色寒冷紗。　※以日本關東地區平地為基準。視栽培環境而定，實際範圍更廣。

明鏡

Aeonium tabuliforme
葉表布滿細毛，葉色明亮鮮綠，莖部不
伸長，簇狀部分會長大的類型。

小人祭

Aeonium sedifolium
長著小葉的莖部大量聚集的叢生狀多
肉植物。景天科中的小型種。

愛染錦

Aeonium domesticum f. *variegata*
以斑葉最富魅力，但耐悶熱與寒冷能力弱，栽培
難度稍高。夏季葉燒需留意。

伊達法師

Aeonium 'Green Tea'
葉色優雅漂亮。也以*Green Tea*名義流
通。

Lindleyi（登天樂・Totenraku）

Aeonium lindleyi
以暗綠、厚實的簇狀葉最美，極易分
枝。

曝日

Aeonium urbicum f. *variegata*
葉分布著黃色斑紋，由葉尾染成粉紅色。夏季需
擺在通風良好的半遮蔭場所，避免環境太悶熱。

Point

植株長高後截剪
調整草姿

黑法師、小人祭等，莖部直
立生長類型的多肉植物，植株長
高後進行截剪，即可調整草姿。
剪下枝條，切口乾燥後，插入栽
培盆，長出根部即可繁殖。
　　調整適期為天氣回暖的初
春，或夜晚氣溫下降的入秋時
節。夏季與冬季休眠期進行截
剪，易影響新芽生長，甚至損傷
植株，導致枯萎。配合栽培行事
曆，於適當時期展開作業吧！

1

枝條太長時，利用
剪刀，由簇狀生長
的葉片下方剪斷。
剪下枝條可當作插
穗，插芽即可繁
殖。

2

不久後，切口下方
就會冒出新芽，長
出葉子。

明鏡錦

Aeonium tabuliforme f. *variegata*
明鏡的斑葉品種，乳白色葉斑不規則分
布。植株低矮，避免太悶熱。

天錦章屬
Adromischus

Data	
景天科	南非 納米比亞等
春秋型種	粗根＋細根類型
難易度	★★容易 （部分難度稍高）

Filicaulis

Adromischus filicaulis
以分布著獨特葉斑的葉最迷人。夏季擺在半遮蔭場所或遮光，春季與秋季充分照射陽光。留意通風。

Herrei Red Dorian

Adromischus marianiae var. *herrei* 'Red Dorian'
紅紫色葉，表面凹凸不平。夏季與冬季需斷水，一個月一至兩次，微微地噴霧。

特徵＆栽培訣竅

以渾圓飽滿葉形、個性十足葉斑與色澤而魅力無窮。自生於乾燥的沙漠地帶，重點是一年四季以感覺乾燥來栽培，必須擺在不會直接淋到雨的場所。夏季管理需避免直射陽光。擺在通風良好的半遮蔭場所或遮擋陽光，澆水要領為感覺乾燥時澆水至斷水。秋季生長期容易繁殖，建議採用插芽與插葉繁殖方式。比較耐寒冷，但冬季需移往屋簷下或簡易溫室等設施照料。

Herrei Green Ball

Adromischus herrei 'Green Ball'
葉渾圓飽滿，表面凹凸。夏季與冬季需斷水，一個月一至兩次，微微地噴霧。

圓葉天章（Subdistichus）

Adromischus subdistichus
帶褐色的紅紫色圓葉接連生長。夏季需減少澆水，置於通風良好的半遮蔭場所。

天錦章屬栽培行事曆　春秋型種

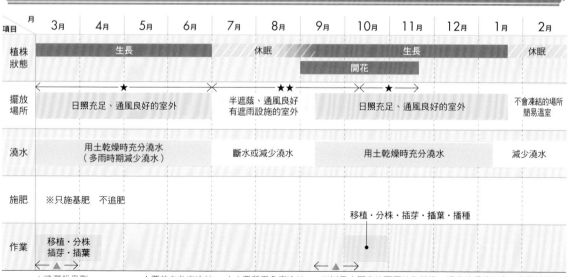

項目＼月	3月	4月	5月	6月	7月	8月	9月	10月	11月	12月	1月	2月
植株狀態	生長				休眠		開花		生長			休眠
擺放場所	日照充足、通風良好的室外 ★				半遮蔭、通風良好有遮雨設施的室外 ★★			日照充足、通風良好的室外 ★				不會凍結的場所簡易溫室
澆水	用土乾燥時充分澆水（多雨時期減少澆水）				斷水或減少澆水		用土乾燥時充分澆水					減少澆水
施肥	※只施基肥　不追肥											
作業	移植・分株插芽・插葉							移植・分株・插芽・插葉・播種				

▲噴灑殺蟲劑。　　★覆蓋白色寒冷紗。　★★覆蓋黑色寒冷紗。　※以日本關東地區平地為基準。視栽培環境而定，實際範圍更廣。

瓦松屬
Orostachys

Data
景天科　日本・中國、俄羅斯等
冬型種　細根類型
難易度　★★容易
　　　　（部分難度稍高）

特徵＆栽培訣竅

　　耐悶熱能力較弱，重點是必須擺在通風良好的場所栽培，尤其是夏季，需減少澆水或斷水。耐寒能力較強，冬季期間不凍結地區，不乏擺在屋簷下或採地植方式也能夠栽培的種類。斑葉品種比較難照料，夏季與冬季需減少澆水。開花後植株枯萎。花期為秋季，抽出花莖後大量開花。分取周圍長出的子株，或剪下走莖尾端的子株後栽種，即可輕易地繁殖。

爪蓮華
Orostachys japonica
自生於布滿岩石，日照充足的場所，秋天抽出修長花莖後開滿白花。

子持蓮華
Orostachys boehmeri
冬季於地下休眠，因此地下部分枯萎。春季再發芽。走莖尾端長出子株。

子持蓮華錦
Orostachys boehmeri f. variegata
葉分布黃色覆輪的子持蓮華。夏季需擺在半遮蔭場所或遮光，減少澆水。冬季也需減少澆水。

富士
Orostachys iwarenge 'Fuji'
葉分布白色覆輪的岩蓮華。耐潮濕能力弱，需留意通風與排水。開花後植株枯萎。

瓦松屬栽培行事曆　冬型種

項目 \ 月	3月	4月	5月	6月	7月	8月	9月	10月	11月	12月	1月	2月
植株狀態	生長				休眠			生長				休眠
					開花							
擺放場所	★ 日照充足、通風良好的室外				★★ 半遮蔭、通風良好有遮雨設施的室外			★ 日照充足、通風良好的室外				不會凍結的場所簡易溫室
澆水	用土乾燥時充分澆水（多雨時期減少澆水）				斷水或減少澆水			用土乾燥時充分澆水				減少澆水
施肥	※只施基肥　不追肥											
作業	移植・分株扦插							移植・分株・扦插・播種				

▲噴灑殺蟲劑。　　★覆蓋白色寒冷紗。　★★覆蓋黑色寒冷紗。　※以日本關東地區平地為基準。視栽培環境而定，實際範圍更廣。

擬石蓮花屬
Echeveria

花麗

Echeveria pulidonis
葉略帶藍色，葉尾染成紅色。開鈴鐺狀黃色鐘形花。

苯巴蒂斯（Ben Badis）

Echeveria 'Ben Badis'
獨特的典雅綠色交配種。葉片小巧渾圓，尖爪至葉尾染成紫色。

Data

景天科	原產於中美
春秋型種	細根類型
難易度	★容易
	（部分難度稍高）

特徵 & 栽培訣竅

因玫瑰般漂亮簇狀葉而廣受歡迎。從原種至交配種，種類豐富多元。葉色、葉形多采多姿，秋天呈現漂亮紅葉的品種也很多，開小巧可愛花朵。春季與秋季旺盛生長，為體質強健品種，推薦初學者栽培。擺在室外栽培時，挑選日照充足、通風良好，有遮雨設施的場所吧！日照不足時易徒長。夏季期間植株中心積水易損傷，發現積存水滴時，利用吸管吹掉即可。適合於春季或秋季以插芽、插葉方式繁殖。

Ebony

Echeveria 'Ebony'
尖銳的三角形葉最漂亮。由葉緣部位開始描繪紅色至黑色的線條。

Lauii

Echeveria lauii
以覆蓋著白色蠟質的厚實圓葉為最大特徵。耐強光與寒冷能力強，討厭高溫潮濕環境。

擬石蓮花屬栽培行事曆　春秋型種

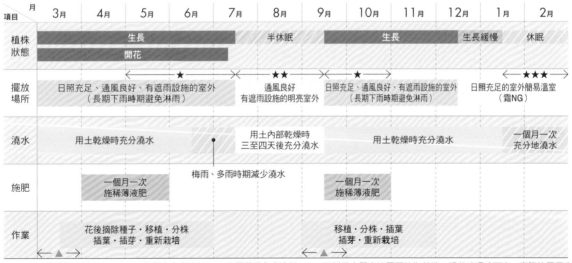

項目 \ 月	3月	4月	5月	6月	7月	8月	9月	10月	11月	12月	1月	2月
植株狀態	生長					半休眠		生長		生長緩慢		休眠
	開花											
擺放場所	日照充足、通風良好、有遮雨設施的室外（長期下雨時期避免淋雨） ★					通風良好 有遮雨設施的明亮室外 ★★		日照充足、通風良好、有遮雨設施的室外（長期下雨時期避免淋雨） ★			日照充足的室外簡易溫室（霜NG） ★★★	
澆水	用土乾燥時充分澆水					用土內部乾燥時三至四天後充分澆水		用土乾燥時充分澆水			一個月一次充分地澆水	
施肥		一個月一次施稀薄液肥		梅雨、多雨時期減少澆水				一個月一次施稀薄液肥				
作業		花後摘除種子・移植・分株 插葉・插芽・重新栽培						移植・分株・插葉 插芽・重新栽培				

▲噴灑殺蟲劑。　　★覆蓋白色寒冷紗。　★★覆蓋黑色寒冷紗。　※以日本關東地區平地為基準。視栽培環境而定，實際範圍更廣。
★★★夜晚移入室內。

布朗玫瑰

Echeveria 'Brown Rose'
由藻綠色到茶褐色，葉色微妙，形狀端
正優雅的簇生型多肉植物。

杜里萬蓮

Echeveria tolimanensis
棒狀葉，葉尾細尖，表面覆蓋著白粉，體質
強健，大量開花。

古紫

Echeveria afinis
夏季需擺在通風良好的半遮蔭場所，避免太悶熱。
春季與秋季充分照射陽光，可呈現漂亮深紫色。

晚霞之舞

Echeveria 'Neon Breakers'
紫色葉滾上鮮豔深粉紅色邊，遠看也很
吸睛。

Midway

Echeveria 'Midway'
葉子中央部分呈不規則凸起狀態，個性十足
的多肉植物。葉不會儲存水分，需留意。

青渚蓮

Echeveria setosa var. *minor*
布滿細毛與帶藍色的葉。耐暑、耐悶熱能力弱，
夏季需擺在通風良好的半遮蔭場所。

擬石蓮花屬的繁殖方法

必備用品：盆（2.5號）・鹿
沼土（中粒）・多肉植物用
土・沸石（小粒）・剪刀・土
鏟・殺蟲劑（Orutoran DX・
粒劑） 苗：Echeveria
sanchez mejoradae

1

以剪刀剪下親株周圍長出的
子株。莖部留長一點。

2

仔細地摘除還附著在莖部的
受損葉與莖。

3

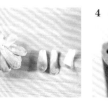

缺乏協調美感的葉由基部摘
除，保留莖部1.5cm以上。
擺在半遮蔭場所一整天靜待
切口乾燥。

4

利用盆底，立起莖部以避免
彎曲，乾燥2至3天。

5

加入中粒鹿沼土至距離盆底
約2cm處。

6

倒入栽培用土約盆高的
2cm，添加殺蟲劑約0.5g，
再加入栽培用土。

7

一邊支撐步驟（4）的插
穗，一邊加入用土後，表面
鋪上沸石。

8

步驟（3）摘下葉片後乾燥，
擺在盆裡的栽培用土上，就
會漸漸長出根部。

9

栽種後，澆水至盆底流出清
澈的水。

凱特

Echeveria cante
可長成直徑30cm左右的大型種多肉植物。
葉覆蓋著白粉，秋天葉緣染成紅色。

Chihuahuaensis

Echeveria chihuahuaensis
葉色黃綠，葉表覆蓋著白粉，葉片厚實
的中型種多肉植物，葉尾帶粉紅色。

Jade Star

Echeveria agavoides 'Jade Star'
具光澤感的淺紫色葉，隨著生長而轉變
成近似藻綠色的顏色。

Fantasia Carol

Echeveria 'Fantasia Carol'
質地細緻，色澤鮮綠的細葉，葉尾為淡
雅紫色。生長旺盛的中型種多肉植物。

大雪蓮

Echeveria 'Laulindsayana'
帶白粉，葉緣粉紅，夏季開橘色花。避
免太潮濕。

特葉玉蝶

Echeveria runyonii 'Topsy Turvy'
*Runyonii*突變種，葉呈現逆向摺曲狀態，
形狀奇特的多肉植物。旺盛生長的品種。

綠色微笑

Echeveria 'Green Smile'
藻綠色帶紫紅色，葉色複雜，生長緩慢
的小型種多肉植物。

花筏錦

Echeveria 'Hanaikada' f. *variegata*
斑葉種花筏，葉分布著黃色葉斑，顏色
複雜的多肉植物。

Christmas

Echeveria 'Christmas'
*Pulidonis*與*Agavoides*的交配種。別名
Pulidonis（*Green Form*）。

火唇

Echeveria 'Fire Lip'
重疊好幾層具光澤感的亮綠葉片。恰如英文名*Fire Lip*（火唇），葉緣轉變成紅色的中型種多肉植物。

野玫瑰之精

Echeveria 'Nobaranosei'
葉色藍綠無光澤感的中型種多肉植物。避免環境太悶熱就能健康地生長。

高砂之翁

Echeveria 'Takasagono-okina'
荷葉狀葉，秋天開橘色花，也會呈現漂亮紅葉。可長成直徑30cm左右的大型種多肉植物。

花筏糊斑

Echeveria 'Hanaikada' f. *variegata*
帶灰色的藻綠色葉，分布著紫紅色葉斑，色澤獨特的多肉植物。需通風良好。

白鳳

Echeveria 'Hakuhou'
日本成功創作的交配種，淺藍綠色葉上微微地分布著粉紅色葉斑。

七福神

Echeveria racemosa
擺在通風良好，春季與秋季日照充足的場所栽培，夏季就開出粉紅色花。大型種多肉植物。

卡蘿

Echeveria 'Carol'
黃綠色葉，表面長著白色細毛。避免太悶熱，擺在通風良好的場所栽培。

白斑麒麟座

Echeveria 'Monocerotis'
帶紫色的深綠色葉，不規則分布著乳白色葉斑。葉緣紫紅色滾邊的多肉植物。

Pinwheel

Echeveria 'Pinwheel'
直徑約5cm的小巧草姿。葉片密集生長的簇生型多肉植物。

Poririnze

Echeveria 'Poririnze'
*Lindasyana*與*Prolifera*交配種。葉尾至側面的紅色滾邊比較寬。

女美月

Echeveria 'Nivalis'
覆蓋著白粉,略帶藍色的漂亮葉片,葉尾紫紅色成重點配色。夏季需避免太悶熱。

花月夜

Echeveria 'Crystal'
小型種多肉植物,以直徑約10*cm*的小巧可愛草姿最富人氣。*Elegans*與*Pulidonis*交配種。

蘿拉

Echeveria 'Lola'
*Tippy*與*Lilacina*交配種。夏季需擺在半遮蔭場所栽培,避免太悶熱。

西方彩虹

Echeveria 'West Rainbow'
*Perle Von Nurnberg*的斑葉種。夏季悶熱耐受力較弱。

Pink Zaragosae

Echeveria cuspidata var. 'Pink Zaragozae'
葉背與葉緣微帶粉紅色最迷人。避免葉的中心部分積水。

Point

葉間積水時
以吸管吹掉

擬石蓮花屬為簇生型多肉植物,葉聚集生長於中心,因此植株中央易積水。植株持續積水易損傷或引發疾病。生長期之外的夏季與冬季需格外留意。利用吸管即可輕易地吹掉積水。

1

澆水後植株中央呈現積水狀態。

2

以吸管吹水滴,即可確實地清除積水。

羅西瑪

Echeveria longissima var. *longissima*
性質纖細脆弱的小型原種多肉植物。夏季直射陽光易出現葉燒現象,需留意。葉緣為深紫色。

玉蝶錦
Echeveria 'Lenore Dean' f. *variegata*
分布著漂亮覆輪，秋季紅葉時期葉緣轉
變成粉紅色。避免太悶熱與強烈日照。

Novajin
Echeveria 'Nobajin'
花和神與*Novahineriana*交配種。葉片圓
潤飽滿，薄薄地覆蓋著一層白粉。

摩氏玉蓮
Echeveria moranii
高山性多肉植物，耐暑能力弱，夏季需擺在通
風良好的半遮蔭場所，減少澆水。

革命
Echeveria pinwheel f. *revolution*
葉片反翹，逆向生長，株姿獨特。*Pinwheel*
實生創作的突變種。

墨西哥巨人
Echeveria colorata 'Mexican Giant'
恰如英文名，成熟後植株可達到30cm的
巨大多肉植物。周圍易長出子株。

Robin
Echeveria 'Robin'
*Globulosa*與*Lauii*交配種。植株長成後，周圍易
形成子株。

沙漠之星
Echeveria 'Desert Star'
帶灰色的素雅綠色至優雅紫色，葉緣呈
現纖細荷葉狀態。

綠冰
Echeveria 'Ice Green'
*Lauii*與*Elegans*交配種。具透明感的綠色
葉，秋季紅葉時期轉變成粉紅色。

翁斯洛
Echeveria onslow
中型種，形狀端正的簇生型多肉植物。耐悶熱能力
弱，需擺在通風良好、感覺乾燥的半遮蔭場所。

伽藍菜屬
Kalanchoe

Data

景天科 馬達加斯加島等

夏型種為主
粗根類型（部分細根類型）

難易度 ★★容易
（部分難度稍高）

子寶弁慶草

Kalanchoe daigremontiana
葉緣長出小子株後繁殖生長。耐悶熱能力
弱，夏季需擺在通風良好場所。

黃金月兔耳

Kalanchoe tomentosa 'Golden Girl'
葉覆蓋著黃色細毛，看起來很閃亮。葉緣
薄又不規則。冬季溫度必須確保5℃以上。

特徵＆栽培訣竅

以馬達加斯加島為中心，分布
於南非、東非、印度、馬來半島、
中國等，耐寒能力較弱。冬季休眠
期需移入溫室或簡易溫室，避免溫
度低於5至10℃，斷水或一個月兩
次微微地噴霧。溫度低於10℃時，
可能出現春季開花，秋季不開花的
情形。鋸齒狀部分有生長點，由該
處長出子株後繁殖，這是其中幾個
品種的最大特徵。

仙人之舞

Kalanchoe orgyalis
原產於馬達加斯加島。葉為卵形，密生
褐色細毛。留意通風，生長緩慢。

巨兔

Kalanchoe tomentosa 'Giant'
喜愛日照，但夏季需避免直射陽光，留意
通風，避免潮濕。冬季嚴寒時期需斷水。

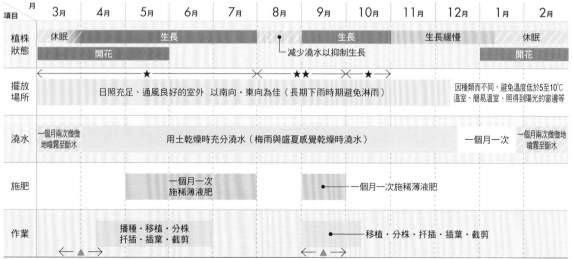

伽藍菜屬栽培行事曆 夏型種為主

項目 月	3月	4月	5月	6月	7月	8月	9月	10月	11月	12月	1月	2月
植株狀態	休眠	生長				●減少澆水以抑制生長	生長		生長緩慢		休眠	
	開花										開花	
擺放場所	←★→	日照充足、通風良好的室外 以南向・東向為佳（長期下雨時期避免淋雨）×★★× ★→								因種類而不同，避免溫度低於5至10℃溫室、簡易溫室、照到陽光的窗邊等		
澆水	一個月兩次微微地噴霧至斷水	用土乾燥時充分澆水（梅雨與盛夏感覺乾燥時澆水）								一個月一次	一個月兩次微微地噴霧至斷水	
施肥			一個月一次施稀薄液肥				●一個月一次施稀薄液肥					
作業		播種・移植・分株扦插・插葉・截剪 ←▲→					●移植・分株・扦插・插葉・截剪 ▲					

▲噴灑殺蟲劑。　★覆蓋白色寒冷紗。　★★覆蓋黑色寒冷紗。　※以日本關東地區平地為基準。視栽培環境而定，實際範圍更廣。

孫悟空

Kalanchoe tomentosa 'Songokuu'
茶色纖毛最可愛。夏季避免直射陽光與
潮濕而太悶熱。

月兔耳

Kalanchoe tomentosa
原產於馬達加斯加島。葉緣呈茶色虛線狀滾
邊。冬季溫度需確保5℃以上，減少澆水。

泰迪熊

Kalanchoe tomentosa 'Teddy Bear'
夏季避免直射陽光，需擺在日照充足、
通風良好、感覺乾燥的場所栽培。

伽藍菜屬的繁殖方法

必備用品：盆（2.5號）數個・鹿沼土（中粒）・多肉植物用土・沸石（小
粒）・剪刀・土鏟・殺蟲劑（Orutoran DX・粒劑）・發根促進劑
（Rooting）　苗：伽藍菜屬 月兔耳

1

以剪刀剪下由親株周圍長出的子
株。莖部盡量留長一點。

2

切口會再長出子株，因此親株表面
必須露出，處於乾燥狀態。

3

剪下子株後，趁切口乾燥前，沾上
發根促進劑。

4

插入土壤部分長度不足，或下葉缺
乏協調感時，橫向摘掉數枚葉片。

5

步驟（4）摘下葉片後，趁傷口乾燥
前，也抹上發根促進劑。

6

乾燥子株與下葉的切口。擺在通風
良好的半遮蔭場所乾燥三至四天。

7

加入鹿沼土至距離盆底約2cm處。
盆底孔太大時，使用盆底網。

8

加入栽培用土約盆高的2cm。

9

添加殺蟲劑約0.5g，再加入栽培用
土。

10

一手支撐步驟（6）的子株，一手加
入栽培用土，進行栽種。

11

表面薄薄地鋪上沸石。

12

準備盆器，加入蛭石與栽培用土。

13

步驟（6）乾燥切口後下葉，擺在步驟
（12）的盆土表面就會長出根部。

14

栽種後立即充分地澆水。步驟（13）
的葉也一樣，長出根部，種入盆裡
後澆水。

福兔耳

Kalanchoe eriophylla
原產於馬達加斯加島。別名白雪姬，開甜美可愛
粉紅色花。生長緩慢，冬季溫度需確保5℃以上。

Humilis

Kalanchoe humilis
原產於南非。以複雜獨特的葉斑最吸引人。橫向生長的
小型種多肉植物，夏季避免太悶熱，冬季避免太寒冷。

冬紅葉

Kalanchoe grandiflora 'Fuyumomiji'
充足日照，秋季紅葉時期轉變成漂亮橘紅色。開
黃色花。冬季需減少澆水，溫度確保5℃以上。

千兔耳

Kalanchoe millotii
原產於馬達加斯加島。覆蓋細毛的柔美綠葉，
紅葉時期轉變成褐色。留意通風。

白銀之舞

Kalanchoe pumila
生長週期例外的冬型種多肉植物。葉帶
白粉，深具魅力。春季開紅色花。

不死鳥

Kalanchoe 'Phoenix'
葉片纖細，葉斑複雜。葉緣長出子株。日照不
足時，無法呈現漂亮綠色。

Point

葉片生長點長出子株
神奇的伽藍菜屬多肉植物

　　葉片的鋸齒狀部位有生長點，
伽藍菜屬多肉植物中不乏這種類
型，進行插葉，生長點長出子株
後，即可繁殖。子寶弁慶草、不死
鳥、寬葉不死鳥等，葉還長在親株
上，就陸續長出子株。

　　子株對日本夏季悶熱氣候耐
受力弱，損傷時若置之不理，出
現水化現象後枯萎。子株長成2至
3cm後，從親株剪下，種入小栽
培盆裡，擺在通風良好的明亮半
遮蔭場所，以排水良好的用土栽
培，即可繁殖。

1

剛邁入生長期的子寶弁慶草。葉片凹處的生
長點清晰可見。

2

邁入夏季後，葉片生長點長滿子株。

青鎖龍屬
Crassula

Data

景天科	非洲南部至東部等
春秋型種（接近冬型種）	
	細根類型
難易度	★★容易
	（部分難度稍高）

象牙塔（龍宮城）
Crassula 'Ivory Pagoda'
春秋型種。表面覆蓋著白色細毛，短葉堆積生長。夏季與冬季需減少澆水。

茜之塔
Crassula capitella
春秋型種。擺在日照充足、通風良好場所栽培時，葉色更鮮豔。春季開白花。

特徵 & 栽培訣竅

　　自生地以非洲為中心，葉的多肉質特徵鮮明，富於變化，是最具多肉植物代表性的種類。生長型態因種類而不同，最常見的是接近冬型種的春秋型種，但不乏接近夏型種的族群。從討厭夏季暑熱的品種，到體質強健的品種，種類豐富多元。隨時保持通風，夏季避免直射陽光，最好擺在感覺乾燥的場所栽種。於日本關東以西的溫帶平地栽種時，冬季擺在南向、東向屋簷下或陽台等場所亦可栽培。

Estagnol
Crassula 'Estagnol'
春秋型種。避免高溫潮濕，擺在通風良好的場所栽培。夏季減少澆水，擺在半遮蔭場所管理。

大型綠塔
Crassula pyramidalis
春秋型種。植株比綠塔粗壯。擺在通風良好的明亮半遮蔭場所栽培，夏季減少澆水。避免接觸到霜。

青鎖龍屬栽培行事曆　春秋型種（接近冬型種）　＊部分品種接近夏型種。

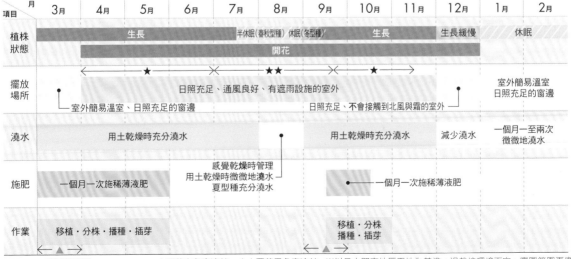

項目＼月	3月	4月	5月	6月	7月	8月	9月	10月	11月	12月	1月	2月
植株狀態		生長				半休眠(春秋型種) 休眠(冬型種)		生長		生長緩慢		休眠
			開花									
擺放場所		←—★—×　★★　×—★—→										室外簡易溫室 日照充足的窗邊
		日照充足、通風良好、有遮雨設施的室外										
	室外簡易溫室、日照充足的窗邊						日照充足、不會接觸到北風與霜的室外					
澆水		用土乾燥時充分澆水					用土乾燥時充分澆水			減少澆水	一個月一至兩次微微地澆水	
施肥	一個月一次施稀薄液肥				感覺乾燥時管理 用土乾燥時微微地澆水 夏型種充分澆水			一個月一次施稀薄液肥				
作業	移植・分株・播種・插芽 ←—▲—→						移植・分株 播種・插芽 ←—▲—→					

▲噴灑殺蟲劑。　　★覆蓋白色寒冷紗　★★覆蓋黑色寒冷紗　※以日本關東地區平地為基準。視栽培環境而定，實際範圍更廣。

春秋型種（冬型種）　玉稚兒・玉椿・稚兒姿・神麗・Kimnachii・Elegans・小夜衣・綠塔　夏型種 發財樹等

紀之川

Crassula 'Moonglow'
春秋型種。夏季避免直射陽光，減少澆
水，促進通風。冬季避免接觸到霜。

Kimnachii

Crassula 'Kimnachii'
春秋型種。夏季擺在通風良好的半遮蔭場所，
減少澆水，盛夏斷水。寒冬時期斷水為宜。

黃斑

Crassula 'Kimnachii' f. *variegata*
春秋型種。黃色葉斑尾端微微地染成粉紅色。夏
季與冬季管理方法如同 *Kimnachii*。

銀箭

Crassula mesembrianthoides
春秋型種。擺在日照充足、通風良好、乾
燥的場所栽培即可。冬季避免凍結。

Gollum

Crassula portulacea 'Golum'
夏型種。發財樹變種。需擺在日照充足、
通風良好的場所栽培，冬季避免凍結。

數珠星

Crassula 'Baby's Necklace'
春秋型種。一年四季都擺在日照充足、通風良好
的場所，減少澆水。冬季避免接觸到霜與凍結。

Point

植株群聚生長
剪下枝條後插芽繁殖

　　青鎖龍屬多肉植物的親
株周圍長出子株後，群聚生
長繁殖的種類非常多。分取
子株即可繁殖，但進入生長
期的初春與秋初時期，由基
部剪下側面生長的莖部，進
行插芽即可輕易地繁殖。切
口乾燥後，插入栽培用土就
會長出根部。

長出許多側芽的Estagnol，利用剪刀，由基部修
剪枝條，既可插芽繁殖，又可避免太悶熱。

Silver Springtime

Crassula 'Silver Springtime'
春秋型種。以體質一樣強健的多肉植物交配產生，
因此容易栽培。喜愛日照，但盛夏季節需遮光。

玉稚兒

Crassula arta
春秋型種。盛夏季節以外，需擺在日照充足、通風良好的室外栽培。減少澆水。

達摩綠塔

Crassula pyramidalis var. *compactu*
春秋型種。綠葉密生重疊，周圍群生子株。春季開白花，散發芳香味道。

稚兒姿

Crassula deceptrix
春秋型種。喜愛日照，夏季需擺在通風良好的半遮蔭場所管理。盛夏與寒冬需減少澆水。

巴

Crassula hemisphaerica
春秋型種。夏季需遮光，減少澆水。生長稍緩慢。春季開白色小花。

Bighorn

Crassula portulacea 'Big-horn'
夏型種。*Gollum*變種，葉形獨特。需擺在日照充足、通風良好場所栽培，冬季避免凍結。

紅葉祭

Crassula capitella
春秋型種。體質強健，適合於室外陽光普照場所栽培。除了寒帶地區之外，可擺在室外過冬。紅葉時期最引人注目。

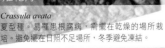

姬花月

Crassula avata
夏型種。易罹患根腐病，需擺在乾燥的場所栽培。避免擺在日照不足場所，冬季避免凍結。

姬綠

Crassula muscosa var. *pseudolycopodiodes*
春秋型種。葉纖細，不耐夏季悶熱與直射陽光。留意通風。插芽就能輕易地繁殖。

Fergusoniae

Crassula fergusoniae
春秋型種。喜愛日照，但夏季需避免直射陽光，擺在明亮遮蔭場所。冬季則擺在乾燥的場所栽培。

夢椿

Crassula pubescens
春秋型種。擺在日照充足、通風良好的場所栽培時，葉色更鮮亮。夏季需遮光，減少澆水。

星乙女

Crassula perforata
春秋型種。夏季避免太潮濕而罹患根腐病，避開強烈直射陽光。水避免澆在葉子上。

舞乙女

Crassula 'Jade Necklace'
春秋型種。夏季避開直射陽光，擺在通風良好的半遮蔭場所，減少澆水。避免太悶熱。

綠蛇

Crassula muscosa f.
春秋型種。耐暑熱、耐寒能力強，插芽即可繁殖。梅雨和冬季避免太潮濕。

南十字星

Crassula perforata f. *variegata*
春秋型種。盛夏需擺在半遮蔭場所，減少澆水，促進通風。插芽即可繁殖。

綠毛星

Crassula sp. *transvaal*
春秋型種。夏季太潮濕易引發根腐病，避免直射陽光。紅葉時期葉子會轉變成紫紅色。

夢殿

Crassula cornuta
春秋型種。耐寒能力弱，冬季需作好保護措施，避免接觸到霜。夏季避開直射陽光。

Remota

Crassula remota
春秋型種。在日照充足、通風良好、乾燥的場所栽培。冬季避免凍結。

若綠

Crassula lycopodioides var. *pseudolycopodioides*
春秋型種。耐暑、耐寒能力較強。但需避免接觸到霜。日照不足易徒長。

風車草屬
風車草屬×景天屬

Graptopetalum
Graptosedum

Data	
景天科	墨西哥等
春秋型種	細根類型
難易度	★容易
	（部分難度稍高）

朧月

Graptopetalum paraguayense
耐暑、耐寒能力都很強，留意霜與凍結，
室外也能生長的強健種。春季開花。

醉美人

Graptopetalum amethystinum
日照充足、通風良好的場所栽培，夏季減少澆
水，擺在感覺乾燥的場所。日照不足時易徒長。

特徵 & 栽培訣竅

　葉展開成簇生狀，莖部伸長種
類較多。日本關東以西溫帶地區
露地栽培種類以朧月等較常見。
種在一年四季都充分日照的場所，
擺在通風良好的棚架上，就欣欣
向榮生長。喜愛日照，體質強健，
容易栽培的多肉植物。不乏討厭夏
季高溫潮濕環境的種類，姬秋麗、
Amethystinum等，夏季需減少
澆水，擺在感覺乾燥的場所栽培。
Graptosedum為風車草屬與景天
屬的交配種。

秋麗

Graptosedum 'Francesco Baldi'
朧月與景天屬乙女心的交配種，體質強
健，容易栽培，擺在室外也健康生長。

姬朧月

Graptosedum 'Bronze'
交配親種為朧月的漂亮品種。紅葉時期青銅色
更鮮豔。

風車草屬·風車草屬×景天屬栽培行事曆　春秋型種

項目 / 月	3月	4月	5月	6月	7月	8月	9月	10月	11月	12月	1月	2月
植株狀態	生長					慢慢進入半休眠		生長			生長緩慢	休眠
		開花										
擺放場所	日照充足、通風良好的室外（長期下雨時期避免淋雨） ★					日照充足、通風良好有遮雨設施的室外 ★★		日照充足、通風良好的室外（長期下雨時期避免淋雨） ★			室外簡易溫室等（日間換氣）	
澆水	用土乾燥時，兩至三天後充分澆水					減少澆水		用土乾燥時，兩至三天後充分澆水			減少澆水	一個月兩次進行噴霧
施肥		施稀薄液肥（施用基肥時，不追肥亦可）						施稀薄液肥（施用基肥時，不追肥亦可）				
作業	移植·分株·扦插插葉·播種						移植·分株·扦插插葉·播種					

▲噴灑殺蟲劑。　　★覆蓋白色寒冷紗。　★★覆蓋黑色寒冷紗。　※以日本關東地區平地為基準。視栽培環境而定，實際範圍更廣。

風車草屬×擬石蓮花屬
Graptoveria

Data

景天科	墨西哥等
春秋型種	細根類型
難易度	★容易

白牡丹
Graptoveria 'Titubans'
飽滿白皙的葉最富魅力。耐寒能力強，枝條下垂般分枝後長大。

白牡丹錦
Graptoveria 'Titubans' f. *variegata*
白牡丹的斑葉種，秋季染上淺粉紅色。夏季留意悶熱，避免直射陽光引發葉燒現象。

特徵＆栽培訣竅

風車草屬與擬石蓮花屬的屬間交配種。性質強於風車草屬，但不耐暑、不耐悶熱。夏季更需要擺在通風良好的場所照料。特徵是以葉片厚實，葉色甜美又呈現變化微妙的簇生型品種占多數，其中不乏白牡丹般體質強健，一年四季都可室外栽培的種類。插芽、插葉即可輕易地繁殖，作業適期為生長期。

初戀
Graptoveria 'Huthspinke'
淡雅粉紅色葉，紅葉時期顏色更鮮豔。耐寒能力較佳，容易栽培。

瑪格麗特
Graptoveria 'Margarete Reppin'
*Phyriferum*與白牡丹交配種。秋季轉變成粉紅色。可愛的簇生型多肉植物。

風車草屬×擬石蓮花屬栽培行事曆　春秋型種

項目＼月	3月	4月	5月	6月	7月	8月	9月	10月	11月	12月	1月	2月
植株狀態	生長					慢慢進入半休眠		生長			生長緩慢	休眠
		開花										
擺放場所	日照充足、通風良好的室外（長期下雨時期避免淋雨）★					日照充足、通風良好有遮雨設施的室外 ★★		日照充足、通風良好的室外（長期下雨時期避免淋雨）★			室外簡易溫室等（日間換氣）	
澆水	用土乾燥時，兩至三天後充分澆水					減少澆水		用土乾燥時，兩至三天後充分澆水			減少澆水	一個月兩次進行噴霧
施肥	●	施稀薄液肥（施用基肥時，不追肥亦可）						●	施稀薄液肥（施用基肥時，不追肥亦可）			
作業	移植・分株・插芽　插葉・播種 ▲							移植・分株・插芽　插葉・播種 ▲				

▲噴灑殺蟲劑。　　★覆蓋白色寒冷紗。　★★覆蓋黑色寒冷紗。　※以日本關東地區平地為基準。視栽培環境而定，實際範圍更廣。

銀波錦屬
Cotyledon

Data
景天科　南非等
春秋型種　細根類型
難易度　★★★難度稍高

銀波錦

Cotyledon undulate
葉緣呈波浪狀，葉色優雅的銀白色扇形多肉植物。悉心照料，水避免澆在葉子上。

熊童子

Cotyledon ladismithiensis
葉形渾圓飽滿，葉尾為紅色的人氣品種。不耐夏季高溫潮濕，需擺在通風良好的場所。

特徵＆栽培訣竅

葉片肥厚飽滿，葉緣紅色滾邊等，大多為模樣可愛，形狀酷似動物的種類，廣受歡迎的多肉植物。生長週期屬於春秋型種，不耐夏季高溫潮濕，夏季需避免直射烈日，擺在通風良好、乾燥的場所管理。插葉不易繁殖，生長期剪下莖部，進行插芽即可繁殖。葉片布滿細毛或白粉的種類，建議朝著用土澆水，避免直接往葉上澆水。

熊童子錦

Cotyledon ladismithiensis f. variegata
熊童子的斑葉種。夏季避免太悶熱與直射陽光，需擺在通風良好、乾燥的半遮隆場所。

◦ 多肉植物 Q&A ◦

Q 葉子上的細毛可以去除掉嗎？

A 去除細毛會損傷葉子，千萬別這麼作。

布滿葉表的細毛與白粉，具有保護作用，避免葉片受到強光與乾燥等傷害。因此栽培過程中千萬不能勉強去除掉。澆水時，建議朝著用土，盡量避免直接澆在多肉植物的葉子上。

銀波錦屬栽培行事曆　春秋型種

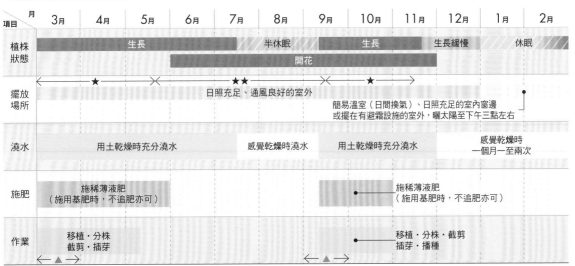

項目\月	3月	4月	5月	6月	7月	8月	9月	10月	11月	12月	1月	2月
植株狀態	生長					半休眠		生長		生長緩慢	休眠	
					開花							
擺放場所	←★→		←★★→ 日照充足、通風良好的室外				←★→			簡易溫室（日間換氣）、日照充足的室內窗邊 或擺在有避霜設施的室外，曬太陽至下午三點左右		
澆水	用土乾燥時充分澆水				感覺乾燥時澆水		用土乾燥時充分澆水			感覺乾燥時 一個月一至兩次		
施肥	施稀薄液肥 （施用基肥時，不追肥亦可）							施稀薄液肥 （施用基肥時，不追肥亦可）				
作業	移植・分株 截剪・插芽							移植・分株・截剪 插芽・播種				

▲噴灑殺蟲劑。　　　★覆蓋白色寒冷紗。　★★覆蓋黑色寒冷紗。　※以日本關東地區平地為基準。視栽培環境而定，實際範圍更廣。

子貓之爪

Cotyledon ladismithiensis 'Konekonotsume'
植株小於熊童子，草姿小巧可愛。不耐太潮濕環境，夏季與冬季需擺在乾燥的場所管理。

嫁入娘

Cotyledon orbiculata 'Yomeiri-Musume'
避免朝著葉片澆水，以免沖掉白粉。葉緣滾紅邊，秋季整個葉片轉變成紅色。

福娘

Cotyledon orbiculata 'Fukkra'
夏季與冬季需擺在乾燥的場所。日照不足時易徒長，春季與秋季栽培必須充分地照射陽光。

Pendens

Cotyledon pendens
爬地生長後開紅花。夏季避免直射陽光，需擺在乾燥的明亮遮蔭場所。

Point

銀波錦屬剪下莖部後
插芽即可繁殖

銀波錦屬植物插葉不易繁殖，因此建議以插芽方式繁殖。木質化而轉變成茶色的莖部留長一點，利用剪刀，由分岔的枝條基部剪下，切口乾燥後，插入乾燥的栽培用土裡，重點為莖部盡量留長一點，處理成插穗後栽種。

插芽後擺在通風良好的明亮遮蔭場所照料。一週至十天後開始澆水。

植株基部長出複數莖部，稍微混雜生長的熊童子錦。通風不良時不易越夏，春季適合修剪混雜生長的植株，剪下枝條可作成插穗用於繁殖。

狀似動物姿態而令人印象深刻，被暱稱為「*Animal Series*」的銀波錦屬植物。種在充滿自然氛圍的盆裡，欣賞甜美可愛的株姿。（圖為熊童子錦）

石蓮屬
Sinocrassula

Data
景天科　中國等
春秋型種（接近冬型種）
細根類型
難易度　★★容易
（部分難度稍高）

Indica
Sinocrassula indica
草姿宛如小花的小型種。長出側芽即可繁殖，秋季紅葉時期轉變成大紅色。

四馬路
Sinocrassula yunnanensis
原產於中國，葉子細長，形狀獨特的簇生型多肉植物。充分照射陽光，葉色更漆黑漂亮。

特徵＆栽培訣竅

　　自生於中國至喜馬拉雅地區的佛甲草屬近親種多肉植物。原生地為天氣冷涼的高山地區，因此日本栽培以不耐夏季高溫潮濕的種類占多數。初夏至夏季擺在通風良好、乾燥的場所管理吧！開花後植株枯萎，但親株周圍長出子株即可繁殖。耐寒能力較強，但需避免凍結，冬季需減少澆水，擺在乾燥的場所栽培。

石蓮屬栽培行事曆　春秋型種（接近冬型種）

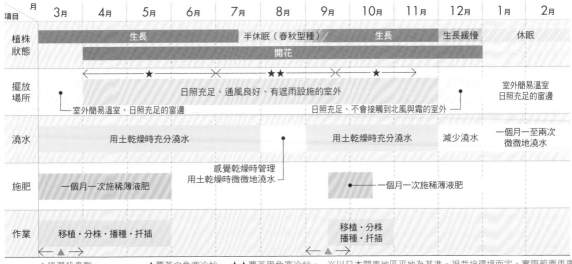

項目 \ 月	3月	4月	5月	6月	7月	8月	9月	10月	11月	12月	1月	2月
植株狀態	生長				半休眠（春秋型種）		生長			生長緩慢		休眠
		開花										
擺放場所	室外簡易溫室、日照充足的窗邊	★	日照充足、通風良好、有遮雨設施的室外 ★★				日照充足、不會接觸到北風與霜的室外 ★			室外簡易溫室 日照充足的窗邊		
澆水	用土乾燥時充分澆水				感覺乾燥時管理 用土乾燥時微微地澆水		用土乾燥時充分澆水			減少澆水	一個月一至兩次 微微地澆水	
施肥	一個月一次施稀薄液肥						一個月一次施稀薄液肥					
作業	移植・分株・播種・扦插						移植・分株 播種・扦插					

▲噴灑殺蟲劑。　　★覆蓋白色寒冷紗。　　★★覆蓋黑色寒冷紗。　　※以日本關東地區平地為基準。視栽培環境而定，實際範圍更廣。

佛甲草屬
Sedum

Winkrelii
Sedum winkrelii
葉色明亮，植株小巧的簇生型多肉植物。周圍繁衍子株。葉稍具黏性。

Aurora
Sedum rubrotinctum f. variegata
虹之玉的斑葉種，秋天紅葉時期最漂亮。體質強健，室外亦可栽培。構成組合盆栽的絕佳種類。

Data

景天科　世界各地

春秋型種　細根類型

難易度　★容易
（部分難度稍高）

特徵 & 栽培訣竅

自生地廣泛分布世界各地，大多具有飽滿可愛的肉質葉，是最適合組合栽種的超人氣多肉植物。以虹之玉、Aurora最具代表性，紅葉時期呈現漂亮顏色的品種非常多。生長週期屬於春秋型種，大部分品種耐寒能力強，於日本東京等關東以西平地亦可採室外栽培而深具魅力。布滿細毛或長著細小葉片的部分高山性品種等，梅雨季節或夏季需避免淋雨或太悶熱而受損，建議移往屋簷下等不會淋到雨的場所。

玉蓮
Sedum furfuraceum
木質化莖部長滿深綠色圓葉。葉面分布著纖細白色葉斑。

Clavatum
Sedum clavatum
葉片厚實的簇生型多肉植物，長出側芽後群聚生長。秋季紅葉時期葉尾轉變成粉紅色。

佛甲草屬栽培行事曆　春秋型種

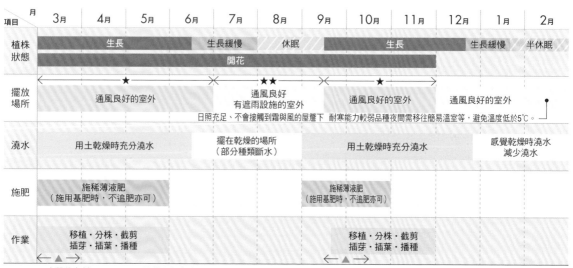

項目＼月	3月	4月	5月	6月	7月	8月	9月	10月	11月	12月	1月	2月
植株狀態		生長			生長緩慢	休眠		生長		生長緩慢		半休眠
			開花									
擺放場所		★ ← →		×	★★ ← →		×	★ ← →				
		通風良好的室外			通風良好有遮雨設施的室外			通風良好的室外		通風良好的室外		
					日照充足、不會接觸到霜與風的屋簷下		耐寒能力較弱品種夜間需移往簡易溫室等，避免溫度低於5℃。					
澆水		用土乾燥時充分澆水			擺在乾燥的場所（部分種類斷水）			用土乾燥時充分澆水		感覺乾燥時澆水減少澆水		
施肥		施稀薄液肥（施用基肥時，不追肥亦可）					施稀薄液肥（施用基肥時，不追肥亦可）					
作業		移植‧分株‧截剪插芽‧插葉‧播種 ← →					移植‧分株‧截剪插芽‧插葉‧播種 ← →					
		▲					▲					

▲噴灑殺蟲劑。　　★覆蓋白色寒冷紗。　　★★覆蓋黑色寒冷紗。　　※以日本關東地區平地為基準，視栽培環境而定，實際範圍更廣。

小松綠

Sedum multiceps
栽培長大後宛如松樹盆栽的小型佛甲草屬多肉植物，莖部尾端密生小葉。喜愛通風良好環境。

木樨景天

Sedum suaveolens
植株碩大，易讓人誤認為擬石蓮花屬的簇生型多肉植物，不耐夏季悶熱與直射陽光。

Spling Wander

Sedum 'Spling Wander'
小巧可愛的簇生型多肉植物，紅葉時期轉變成紫色。春季開甜美可愛粉紅色花。需避免太悶熱。

虹之玉

Sedum rubrotinctum
體質強健，室外也可栽培，秋季呈現漂亮紅葉。插芽、插葉皆可繁殖。

毛姬星美人

Sedum dasyphyllum var. *glanduliferum*
姬星美人的同類，秋季紅葉時期轉變成紫色。耐夏季直射陽光與悶熱能力較**弱**。

春萌

Sedum 'Alice Evans'
長著亮麗黃綠色葉，大型種簇生型佛甲草屬多肉植物。容易栽培繁殖。

佛甲草屬的繁殖方法

徒長後下葉掉光的佛甲草屬戀心。徒長枝條長出細根。

1

莖部儘量留長一點，由細根下方剪斷。

2

以過度徒長的莖部進行插芽時，需剪下足夠插入土壤的部分。

3

殘株重新栽培。莖部太長時，由距離基部1至2cm處剪斷。

4

重新栽培的親株與插穗。三枝插穗種入裝著栽培用土的盆裡，不需要的莖部則丟棄。

姫星美人

Sedum dasyphyllum
耐悶熱能力弱，不耐夏季直射陽光。藍灰色葉密集增生。

迷你蓮

Sedum 'Prolifera'
葉片厚實，模樣可愛的簇生型多肉植物。生長緩慢，長出側芽後即可繁殖。夏季悶熱需留意。

旋葉姫星美人

Sedum dasyphyllum 'Major'
姫星美人的同類，群聚生長，密生小巧圓葉。日照不足易徒長。

綠龜之卵

Sedum hernandezii
日照不足時易徒長，無法呈現漂亮色澤，建議於日照充足場所栽培。需減少澆水。

Mocinianum

Sedum mocinianum
表面密布白色短毛，親株周圍群聚生長子株。夏季需避免太悶熱。

Point

適合構成組合盆栽的佛甲草屬體質強健的族群

佛甲草屬體質強健，適合室外栽培，同時也是很適合構成組合盆栽的多肉植物。虹之玉、Aurora等種類，只要擺在日照充足與通風良好的場所，就算不動手照料，還是會自然地增生，長成大株。秋季紅葉也美不勝收，因此，混合多種就能構成璀璨寶石般甜美可愛的組合盆栽。

呈現漂亮紅葉的Aurora與虹之玉構成的組合盆栽。

Point

希望更迅速地繁殖佛甲草屬建議採用插芽方式

佛甲草屬多肉植物體質強健，採用分株、插葉、插芽方式都能輕易地繁殖。希望更有效率、更迅速地繁殖時，建議採用插芽方式。插穗莖部留長一點，切口乾燥後插入栽培用土即可。摘除插入土壤部分的葉片，擺在裝著栽培用土的盆裡，經過一段時間後，就會發根，長成幼苗。

玉蓮莖部粗壯，植株直立生長，插芽更容易成功繁殖。

八千代

Sedum corynephyllum
葉子向上生長，草姿獨特。秋季葉尾呈現漂亮紅葉。夏季需移往涼爽場所越夏。

小紅莓

Sedum rubrotinctum 'Redberry'
比虹之玉更小型，小葉密集生長。夏季需減少澆水，避免太悶熱。

長生草屬
Sempervivum

Data

景天科　歐洲的高山地帶等
春秋型種（接近冬型種）
細根類型
難易度　★★容易
　　　（部分難度稍高）

Aglow
Sempervivum 'Aglow'
中型種，葉數稍多。具光澤感的藻綠色葉，將明亮紅色襯托得更耀眼。

Allionii
Sempervivum allionii
小型種，原種之一，廣泛自生於歐洲的寒帶地區。長著質地細緻的明亮黃綠色葉。

特徵＆栽培訣竅

原產地以南阿爾卑斯為主，廣泛自生於歐洲至俄羅斯的高山地區、寒帶地區。耐寒能力強，冬季擺在室外亦可過冬。以端正簇生型草姿最富魅力，接觸到寒冷空氣時，轉變成大紅色而更耀眼。天氣回暖後，葉片轉變成原來顏色。生長期適合擺在全日照至半遮蔭的場所管理，耐乾燥能力強，因此，用土表面乾燥後澆水即可。過度澆水易引發腐根病，需留意。日本關東以西平地栽種時，一年四季皆可擺在室外。夏季進入半休眠狀態，需移往稍微遮光的涼爽場所。

Aross
Sempervivum 'Aross'
中小型多肉植物，紅葉時期細長葉染成紅色。易增生子株，因此易形成群聚生長狀態。

大紅卷絹
Semperivivum 'Ohbenimakiginu'
稍大型多肉植物，特徵為葉尾聚集白色綿毛。紅葉時期轉變成大紅色。

長生草屬栽培行事曆　春秋型種（接近冬型種）

項目 \ 月	3月	4月	5月	6月	7月	8月	9月	10月	11月	12月	1月	2月
植株狀態	生長					休眠		生長			生長緩慢	生長
		開花										開花
擺放場所	←　　　★　　　→					←　★★　→		←　★　→				
	通風良好的室外					通風良好有遮雨設施的室外		通風良好的室外				
澆水	用土表面乾燥後充分澆水					減少澆水		用土表面乾燥後充分澆水				減少澆水
施肥	一個月一次施稀薄液肥						一個月一次施稀薄液肥					
作業	移植・分株・播種							移植・分株・播種				

▲噴灑殺蟲劑。　　★覆蓋白色寒冷紗。　★★覆蓋黑色寒冷紗。　※以日本關東地區平地為基準。視栽培環境而定，實際範圍更廣。

Oddity（百惠）

Sempervivum tectorum 'Oddity'
草姿獨特。水分較多時，筒狀葉伸長，擺在乾燥全日照場所，葉越短，越密集生長。

Ohio Burgundy

Sempervivum 'Ohio Burgundy'
中型種，草姿端正的簇生型多肉植物。以美國中部俄亥俄州生產的紅葡萄酒顏色命名。

Gazelle

Sempervivum 'Gazelle'
整個植株覆蓋著白色綿毛。耐寒能力強，冬季擺在室外依然能過冬。紅葉時期轉變成大紅色。

上海玫瑰

Sempervivum 'Shanghai Rose'
最大特徵為葉緣分布著深紫紅色覆輪。中型種多肉植物，葉具光澤感，易形成子株。

*Gazelle*植株上纏繞著綿狀白色細線，近看也非常漂亮。

Point

長生草屬多肉植物
分株即可輕易地繁殖

　　由親株摘下直徑2cm以上子株，只是這樣就能輕易地繁殖。建議初春或夜間氣溫下降的初秋時期繁殖。

1

開花後親株枯萎，形成許多子株的長生草屬多肉植物。

2

連根輕輕地拔起已經長成2cm以上的子株。

3

拔起子株後情形。種入裝著用土的栽培盆。

Pacific Zoftic

Sempervivum 'Pacific Zoftic'
小型長生草屬多肉植物，毛茸茸的植株非常可愛。紅葉時期轉變成茶褐色。美國培育的品種。

仙女杯屬
奇峰錦屬
Dudleya
Tylecodon

Data

景天科	中美・非洲南部至東部等
冬型種	細根類型
難易度	★★容易（部分難度稍高）

Gnoma

Dudleya gnoma
小型種，長著白色漂亮葉子的簇生型多肉植物。耐高溫潮濕能力弱，夏季需擺在通風良好的半遮蔭場所管理。

萬物想

Tylecodon reticulatus
殘花像鐵絲似地掛在葉子上，姿態奇特的多肉植物。夏季與冬季需減少澆水，促進通風。

特徵＆栽培訣竅

　　仙女杯屬為原產於中美地區的冬型種多肉植物。不耐夏季暑熱與悶熱，需擺在通風良好、感覺乾燥的場所管理。一到了夏季，表面白粉剝落就顯得不漂亮，但邁入秋季生長期後又恢復原本樣貌。奇峰錦屬也屬於冬型種。夏末夜晚溫度下降後開始生長。長出葉子後，一邊觀察狀況，一邊開始澆水吧！夏季需留意高溫，需擺在通風良好的場所，幾乎不用澆水，悉心管理照料。一個月兩次左右，微微地噴霧吧！

群卵

Tylecodon sinus-alexandra
枝條上長滿小巧圓葉。初夏開甜美可愛的粉紅色花。夏季需減少澆水、促進通風。

仙女杯屬・銀波錦屬栽培行事曆　冬型種

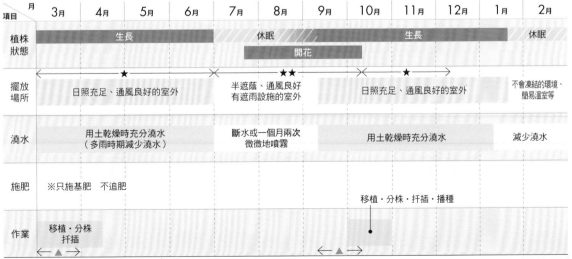

月 項目	3月	4月	5月	6月	7月	8月	9月	10月	11月	12月	1月	2月
植株狀態	生長				休眠			生長				休眠
					開花							
擺放場所	日照充足、通風良好的室外 ★				半遮蔭、通風良好有遮雨設施的室外 ★★		日照充足、通風良好的室外 ★				不會凍結的環境、簡易溫室等	
澆水	用土乾燥時充分澆水（多雨時期減少澆水）				斷水或一個月兩次微微地噴霧		用土乾燥時充分澆水				減少澆水	
施肥	※只施基肥　不追肥											
作業	移植・分株扦插							移植・分株・扦插・播種				

▲噴灑殺蟲劑。　　　★覆蓋白色寒冷紗。　★★覆蓋黑色寒冷紗。　　※以日本關東地區平地為基準。視栽培環境而定，實際範圍更廣。

厚葉草屬
厚葉草屬×擬石蓮花屬

Pachyphytum
Pachyveria

群雀（京美人）
Pachyphytum 'Kyoubijin'
帶藍色長葉向上生長，整個植株覆蓋著白粉。栽培後植株會長高。

月花美人
Pachyphytum 'Gekkabijin'
葉面寬廣，插葉也容易繁殖。秋季紅葉時期轉變成紫色。日照不足時易徒長。

紫麗殿錦
Pachyphytum 'Shireiden' f. *variegata*
紫麗殿的斑葉種，淺紫色葉分布著黃色葉斑。夏季需避免強烈陽光直射與悶熱。

月美人
Pachyphytum oviferum
星美人的園藝品種。紅葉時期渾圓飽滿葉子染上粉紅色，甜美可愛無比。

Data

景天科	墨西哥
春秋型種	細根類型
難易度	★容易
	（部分難度稍高）

特徵&栽培訣竅

　　以表面覆蓋著白粉，渾圓飽滿的葉片最富魅力。生長週期屬於春秋型種，栽培過程中避免淋雨，少量施肥，就會長出渾圓飽滿，表面覆蓋著白粉的漂亮葉子。Pachyveria為厚葉草屬×擬石蓮花屬的屬間交配種，都是耐寒性強，日本關東以西平地栽種時，冬季可擺在屋簷下過冬。生長期照射強光，擺在通風良好場所，就能栽培成健康結實的草姿。梅雨季節至夏季需減少澆水，擺在感覺乾燥的場所，葉片微微地出現皺紋時才需要澆水。

厚葉草屬・厚葉草屬×擬石蓮花屬栽培行事曆　春秋型種

月　項目	3月	4月	5月	6月	7月	8月	9月	10月	11月	12月	1月	2月
植株狀態	生長				半休眠		生長		生長緩慢		休眠	
		開花										
擺放場所	★　　日照充足、通風良好、有遮雨設施的室外　　★★　　★											
				簡易溫室、溫室、日照充足的窗邊　擺在溫室時上午十點至下午三點需日間換氣窗邊管理時需換氣，或日間移往日照充足，有避霜設施的場所至下午三點左右。							
澆水	討厭潮濕，用土乾燥時，兩至三天後充分澆水			感覺乾燥時一個月兩次充分澆水或減少澆水			討厭潮濕，用土乾燥時，兩至三天後充分澆水			感覺乾燥時一個月兩次進行噴霧		
施肥	施稀薄液肥（施用基肥時，不追肥亦可）						施稀薄液肥（施用基肥時，不追肥亦可）					
作業	移植・分株・截剪扦插・插葉・播種							移植・分株・截剪扦插・插葉・播種				

▲噴灑殺蟲劑。　　★覆蓋白色寒冷紗。　★★覆蓋黑色寒冷紗。　　※以日本關東地區平地為基準。視栽培環境而定，實際範圍更廣。

桃美人
Pachyphytum 'Momobijin'
長著厚實葉子的代表性品種。秋季紅葉時期轉變成
粉紅色。體質強健，但夏季需擺在涼爽場所越夏。

嬰兒手指
Pachyphytum 'Baby Bingo'
原產於墨西哥，小巧葉子堆疊生長。葉尾
染上淺紫色。高溫潮濕需留意。

星美人
Pachyphytum oviferum
葉覆蓋著白粉。生長期少量施肥，充分
照射陽光即可避免徒長。

藍黛蓮
Pachyveria glauca
葉為藍綠色，紅葉時期由葉尾開始轉變成
深紅色。夏季需促進通風，避免太悶熱。

◦ 多肉植物 Q & A ◦

Q 管理照料時
如何避免
白粉脫落呢？

A 輕輕地
抬高下方
比較不顯眼
的部分。

輕搓厚葉草屬多肉植物，表面
的白粉就脫落，影響美觀。移
植等管理照料時，輕輕地抬高
下方比較不顯眼的部分，即可
避免白粉脫落。以鑷子支撐莖
部亦可。

Leslie
Pachyveria 'Lesliei'
典雅紫色葉，紅葉時期，紅色增強。體質強健品
種，冬季擺在屋簷下依然健康生長。

摩南景天屬
Monanthes

Data

景天科	加那利群島等
冬型種	細根類型
難易度	★★難度稍高

香蕉魔南
Monanthes anagensis
具山地性特質，植株密集生長帶褐色的明亮黃綠色葉。留意排水與通風。

Pallens
Monanthes pallens
夏季避免直射陽光與太潮濕，需擺在通風良好、涼爽的半遮蔭場所管理。兩至三年需移植。

特徵&栽培訣竅

　　自生地以非洲加那利群島為中心，密集生長小巧多肉質葉片的族群。自生於充滿濕氣的遮蔭崖壁與岩石上。耐寒能力強，若地面反射不會太強烈，寒冬以外時期亦可於室外栽培。耐日本夏季高溫潮濕能力較弱，被視為栽培難度較高的種類，事實上，只要擺在通風良好的半遮蔭場所，栽培並不困難。春季與秋季生長期喜愛水分。夏季澆水易悶熱，建議擺在涼爽的半遮蔭場所，減少澆水，悉心管理照料。

摩南景天
Monanthes brachycaulon
小刮杓狀葉聚集生長的簇生型多肉植物。表面布滿極細毛，開小巧花朵。

瑞典摩南（摩南景天屬）
Monanthes polyphylla
具光澤感的小葉密集生長成地毯狀。夏季悶熱與直射陽光需留意。

摩南景天屬栽培行事曆　冬型種

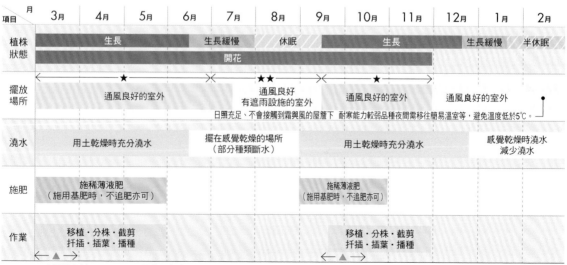

項目\月	3月	4月	5月	6月	7月	8月	9月	10月	11月	12月	1月	2月
植株狀態	生長				生長緩慢	休眠		生長		生長緩慢		半休眠
	開花											
擺放場所	通風良好的室外				★★ 通風良好有遮雨設施的室外 日照充足、不會接觸到霜與風的屋簷下			通風良好的室外		通風良好的室外 耐寒能力較弱品種夜間需移往簡易溫室等，避免溫度低於5℃。		
澆水	用土乾燥時充分澆水				擺在感覺乾燥的場所（部分種類斷水）			用土乾燥時充分澆水		感覺乾燥時澆水減少澆水		
施肥	施稀薄液肥（施用基肥時，不追肥亦可）						施稀薄液肥（施用基肥時，不追肥亦可）					
作業	移植・分株・截剪 扦插・插葉・播種						移植・分株・截剪 扦插・插葉・播種					

▲噴灑殺蟲劑。　　★覆蓋白色寒冷紗。　★★覆蓋黑色寒冷紗。　　※以日本關東地區平地為基準。視栽培環境而定，實際範圍更廣。

瓦蓮屬
Rosularia

Data
景天科　非洲北部至中亞等
春秋型種（接近冬型種）
細根類型
難易度　★★容易
（部分難度稍高）

阿特密
Rosularia 'Atomy'
優雅紫色與灰綠色葉的簇生型多肉植物，周圍群生子株。夏季暑熱與悶熱需留意。

菊瓦蓮
Rosularia platyphylla
原產於西馬拉亞山的高山種多肉植物，表面長滿微細纖毛，秋季呈現漂亮紅葉。夏季需擺在乾燥的場所。

特徵＆栽培訣竅

廣泛分布於北非至亞洲阿爾泰山脈地區。長生草屬的近親種。長生草屬多肉植物花瓣分開，瓦蓮屬花朵呈筒狀。植株小巧，繁殖能力強，親株周圍形成許多小株，群聚增生成半球狀。耐夏季暑熱與悶熱能力弱，必須擺在通風良好的半遮蔭場所，減少澆水。生長期充分澆水，用土表面乾燥後澆水。

瓦蓮屬栽培行事曆　春秋型種（接近冬型種）

項目	3月	4月	5月	6月	7月	8月	9月	10月	11月	12月	1月	2月
植株狀態	生長	生長	生長	生長	生長	休眠	休眠	生長	生長	生長緩慢	生長緩慢	生長
	開花	開花	開花									
擺放場所	通風良好的室外 ★			通風良好有遮雨設施的室外 ★★				通風良好的室外 ★				
澆水	用土表面乾燥後充分澆水					減少澆水		用土表面乾燥後充分澆水			減少澆水	
施肥	一個月一次施稀薄液肥						一個月一次施稀薄液肥					
作業	移植・分株 播種・扦插							移植・分株 播種・扦插				

▲噴灑殺蟲劑。　　★覆蓋白色寒冷紗。　★★覆蓋黑色寒冷紗。　※以日本關東地區平地為基準。視栽培環境而定，實際範圍更廣。

花蔓草屬
櫻龍木屬

Aptenia
Smicrostigma

Data

番杏科	南非
春秋型種	細根類型
難易度	★容易

Baby Sun rose

Aptenia cordifolia f. *variegata*
葉分布著白色葉斑，夏季期間開粉紅色花。體質強健，耐暑能力強。避免接觸到霜。

櫻龍

Smicrostigma viride
葉子長成Y形鱗片狀，草姿獨特。開漂亮粉紅色花，容易栽培。

特徵 & 栽培訣竅

　　兩個種類皆自生於南非。生長週期屬於春秋型種，耐寒能力較強，日本關東以西地區平地栽種時，溫度不低於5℃，避免接觸到霜，即可於室外過冬。繁殖力旺盛，易蔓延生長。花蔓草屬葉色明亮深綠，散發獨特光澤。斑葉種耐寒能力稍弱。夏季期間開花。櫻龍木屬的草姿洋溢異國風情，秋季至冬季期間，枝條尾端會呈現漂亮紅葉而美不勝收。

花蔓草屬・櫻龍木屬栽培行事曆　春秋型種

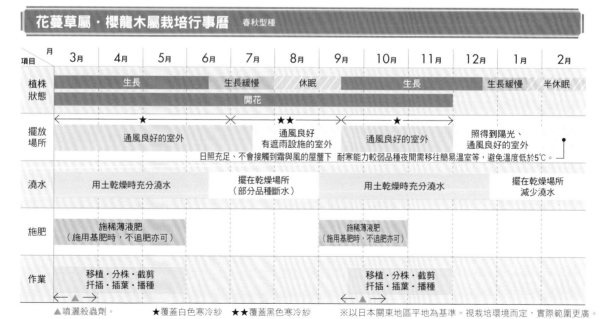

項目 \ 月	3月	4月	5月	6月	7月	8月	9月	10月	11月	12月	1月	2月
植株狀態	生長				生長緩慢		休眠		生長		生長緩慢	半休眠
	開花											
擺放場所	★ 通風良好的室外				★★ 通風良好 有遮雨設施的室外 日照充足、不會接觸到霜與風的屋簷下		★ 通風良好的室外 耐寒能力較弱品種夜間需移往簡易溫室等，避免溫度低於5℃。			照得到陽光、通風良好的室外		
澆水	用土乾燥時充分澆水				擺在乾燥場所 （部分品種斷水）		用土乾燥時充分澆水			擺在乾燥場所 減少澆水		
施肥	施稀薄液肥 （施用基肥時，不追肥亦可）						施稀薄液肥 （施用基肥時，不追肥亦可）					
作業	移植・分株・截剪 扦插・插葉・播種						移植・分株・截剪 扦插・插葉・播種					

▲噴灑殺蟲劑。　　★覆蓋白色寒冷紗　★★覆蓋黑色寒冷紗　　※以日本關東地區平地為基準。視栽培環境而定，實際範圍更廣。

菱鮫屬
紫晃星屬

Aloinopsis
Trichodiadema

Data	
番杏科　南非等	
冬型種／夏型種　細根類型	
難易度　★容易	

唐扇

Aloinopsis schooneesii
不耐夏季暑熱與悶熱，減少澆水，擺在通風良好的明亮半遮蔭場所栽培管理。

特徵＆栽培訣竅

　　兩種類型的自生地皆以南非為中心，耐寒性強的女仙類。菱鮫屬具有小石狀圓葉與塊根性根部，草姿充滿異國風情。休眠期間減少澆水，一個月兩次微微地噴霧。秋季至冬季開花。紫晃星屬兼具冬型種與夏型種。小型塊根性女仙，塊根部分自然肥大後，長成盆栽般草姿。使用排水良好的栽培用土，擺在通風良好的場所，生長期充分澆水。

姬紅小松

Trichodiadema bulbosum
由塊根抽出纖細莖部，長出布滿細毛的小葉。夏季需減少澆水，避免悶熱。

菱鮫屬・紫晃星屬栽培行事曆　冬型種

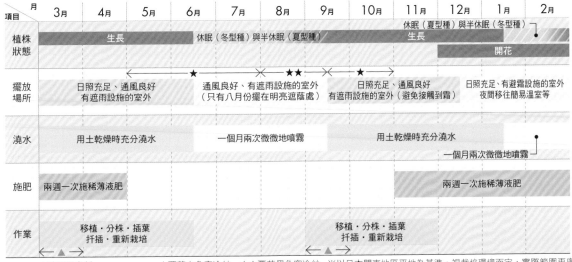

項目＼月	3月	4月	5月	6月	7月	8月	9月	10月	11月	12月	1月	2月
植株狀態		生長			休眠（冬型種）與半休眠（夏型種）				休眠（夏型種）與半休眠（冬型種）／生長			
										開花		
擺放場所		日照充足、通風良好有遮雨設施的室外			通風良好、有遮雨設施的室外（只有八月份擺在明亮遮蔭處）			日照充足、通風良好有遮雨設施的室外（避免接觸到霜）		日照充足、有避霜設施的室外夜間移往簡易溫室等		
澆水		用土乾燥時充分澆水			一個月兩次微微地噴霧			用土乾燥時充分澆水			一個月兩次微微地噴霧	
施肥	兩週一次施稀薄液肥								兩週一次施稀薄液肥			
作業		移植・分株・插葉扦插・重新栽培					移植・分株・插葉扦插・重新栽培					

▲噴灑殺蟲劑。　　★覆蓋白色寒冷紗　★★覆蓋黑色寒冷紗　※以日本關東地區平地為基準。視栽培環境而定，實際範圍更廣。

71

碧魚蓮屬
紅番屬

Echinus
Ruschia

Data
番杏科	南非
冬型種	細根類型
難易度	★容易

碧魚連

Echinus maximilianus
春季綻放漂亮粉紅色花。生長期需充分照射陽光、澆水與施肥。越夏最重要。

特徵 & 栽培訣竅

　　兩種類型皆自生於南非，小型女仙類。耐寒性較強，東京為首的關東以西平地栽種時，一年四季都通風良好，有避霜設施的室外也可以栽培。夏季半休眠期的管理照料最關鍵，長期下雨時期需擺在通風良好的半遮蔭場所，避免環境太潮濕，稍微澆水即可越夏。不耐高溫潮濕，日照不足時易影響生長狀況，因此生長期需充分日照，促進根部生長。

美鈴

Ruschia pulvinaris
細葉聚集生長，體質強健，容易栽培，需擺在乾燥的場所，夏季避免太悶熱。

◦ 多肉植物 Q & A ◦

Q 碧魚蓮屬
適合於哪個時期、
以什麼方法繁殖呢？

A 適合於春季以插芽方式繁殖，剪下枝條後，莖部留長一點吧！

碧魚蓮屬多肉植物的繁殖適期為暑氣全消，氣溫穩定的初春時期，最有效率的繁殖方式為插芽。莖部留長一點，處理成插穗後，插入乾燥的栽培用土裡，十天以後才澆水，夏季來臨前，確實地促進根部生長。

碧魚蓮屬 · 紅番屬栽培行事曆　冬型種

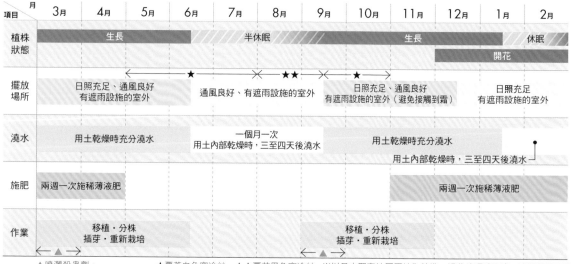

月 項目	3月	4月	5月	6月	7月	8月	9月	10月	11月	12月	1月	2月
植株狀態	生長				半休眠			生長				休眠
										開花		
擺放場所	日照充足、通風良好 有遮雨設施的室外			★ 通風良好、有遮雨設施的室外		★★	★ 日照充足、通風良好 有遮雨設施的室外（避免接觸到霜）			日照充足 有遮雨設施的室外		
澆水	用土乾燥時充分澆水			一個月一次 用土內部乾燥時，三至四天後澆水			用土乾燥時充分澆水			用土內部乾燥時，三至四天後澆水		
施肥	兩週一次施稀薄液肥								兩週一次施稀薄液肥			
作業	移植・分株 插芽・重新栽培						移植・分株 插芽・重新栽培					

▲噴灑殺蟲劑。　　　　★覆蓋白色寒冷紗　★★覆蓋黑色寒冷紗　※以日本關東地區平地為基準。視栽培環境而定，實際範圍更廣。

藻玲玉屬
蝦鉗花屬
拈花玉屬
對葉花屬

Gibbaeum
Cheiridopsis
Tanquana
Pleiospilos

Data

番杏科	南非
冬型種	細根類型
難易度	★★難度稍高

無比玉
Gibbaeum dispar
中央裂開後長出新葉。秋季至冬季期間綻放粉紅色花。夏季斷水，進入休眠。

神風玉
Cheiridopsis pillansii
溫差不大時，開花狀況變差。擺在感覺乾燥的場所，夏季需促進通風。

特徵&栽培訣竅

自生於南非，形狀特色鮮明的女仙類多肉植物。葉對生，略帶圓形，外型可愛而廣受喜愛的種類。夏季休眠期管理難度高，需斷水，擺在半遮陰場所，留意通風。耐寒性強，日本關東以西平地栽種時，冬季期間擺在室外，不需要過於保護反而更健康生長。對葉花屬可擺在室外，悉心照料，即便冰凍也短時間就恢復。

Hilmarii
Tanquana hilmarii
渾圓飽滿，葉對生，中央綻放黃色花，夏季悶熱需留意。

紫帝玉
Pleiospilos nelii 'Royal Flush'
帝玉的突變種。葉綠素較少，日照不足時易長徒長，需留意。

藻玲玉屬・蝦鉗花屬・拈花玉屬・對葉花屬栽培行事曆 冬型種

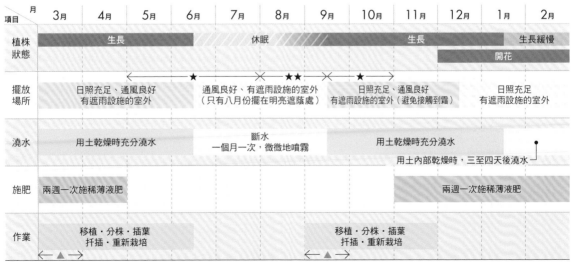

月 項目	3月	4月	5月	6月	7月	8月	9月	10月	11月	12月	1月	2月
植株狀態	生長				休眠				生長			生長緩慢
										開花		
擺放場所	日照充足、通風良好 有遮雨設施的室外			通風良好、有遮雨設施的室外（只有八月份擺在明亮遮蔭處）			日照充足、通風良好 有遮雨設施的室外（避免接觸到霜）			日照充足 有遮雨設施的室外		
澆水	用土乾燥時充分澆水			斷水 一個月一次，微微地噴霧			用土乾燥時充分澆水			用土內部乾燥時，三至四天後澆水		
施肥	兩週一次施稀薄液肥								兩週一次施稀薄液肥			
作業	移植・分株・插葉 扦插・重新栽培						移植・分株・插葉 扦插・重新栽培					

▲噴灑殺蟲劑。　　★覆蓋白色寒冷紗　★★覆蓋黑色寒冷紗　※以日本關東地區平地為基準。視栽培環境而定，實際範圍更廣。

肉錐花屬
Conophytum

Data

番杏科	南非等
冬型種	細根類型
難易度	★容易（部分難度稍高）

特徵＆栽培訣竅

　　自生南非等地區，稱為女仙的多肉植物中最具代表性的族群。莖與葉結為一體，依植株形狀，可大致分成「足袋形」、「鞍形」、「圓形」。如同生石花屬，會呈現「脫皮」現象的植物。一年一度，進入休眠期前，外側老葉直接轉變成淺茶色保護層，乍看呈現枯萎狀態，但邁入秋季後再長新葉。夏季休眠期間需減少澆水，擺在通風良好，有遮雨設施的涼爽半遮蔭場所。初秋時期天氣轉涼後開始澆水。冬季需確實作好防霜措施。

Wittebergense
Conophytum wittebergense
葉分布著枝條狀紫色葉紋的斑葉種。小型種多肉植物，夜間綻放白色花。

七星座（紅紋）
Conophytum obcordellum
小型種多肉植物，表面分布著黑褐色凸起斑點，以 *Mundum* 名稱流通。

Ectypum brownii
Conophytum ectypum var. brownii
表面分布著織細皺紋狀葉斑，開粉紅色花，夏季需斷水，擺在涼爽半遮蔭場所。

大型Helenae
Conophytum helenae
大型多肉植物，表面分布著茶褐色枝條狀葉紋的足袋形多肉植物。秋季開滿粉紅色花。

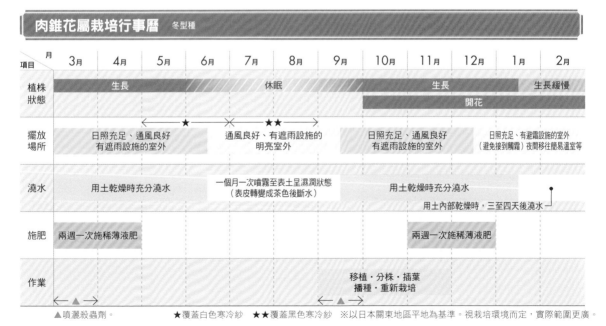

肉錐花屬栽培行事曆　冬型種

月 項目	3月	4月	5月	6月	7月	8月	9月	10月	11月	12月	1月	2月
植株狀態	生長				休眠				生長		生長緩慢	
									開花			
擺放場所	日照充足、通風良好 有遮雨設施的室外			通風良好、有遮雨設施的 明亮室外				日照充足、通風良好 有遮雨設施的室外		日照充足、有避霜設施的室外 （避免接到觸霜）夜間移住簡易溫室等		
澆水	用土乾燥時充分澆水			一個月一次噴霧至表土呈濕潤狀態 （表皮轉變成茶色後斷水）				用土乾燥時充分澆水 用土內部乾燥時，三至四天後澆水				
施肥	兩週一次施稀薄液肥								兩週一次施稀薄液肥			
作業						移植・分株・插葉 播種・重新栽培						

★ 覆蓋白色寒冷紗　　★★ 覆蓋黑色寒冷紗

▲ 噴灑殺蟲劑。　　★ 覆蓋白色寒冷紗　　★★ 覆蓋黑色寒冷紗　　※以日本關東地區平地為基準。視栽培環境而定，實際範圍更廣。

Opera Rose

Conophytum 'Opera Rose'
小型種，足袋形。容易栽培，綻放鮮豔粉紅色花的人氣品種。

銀龍

Conophytum 'Ginryu'
大型種，葉緣染上紅紫色的足袋形多肉植物。秋季綻放甜美可愛黃色花。夏季需斷水。

蝴蝶勳章 Messelpad

Conophytum pellucidum var. *terricolor*
小型種，典雅的茶色與藻綠色葉，葉斑清晰的選拔品。

小公子

Conophytum 'Shoukousi'
大型種，比較容易栽培，秋季開滿深黃色花。足袋形多肉植物，夏季需斷水。

白拍子

Conophytum longum
曾歸類為風鈴玉屬，目前統一歸類為肉錐花屬。以透明窗最富魅力。

毛肉錐

Conophytum stephanii
圓形的小型群生種多肉植物。覆蓋著閃亮的羽毛，開乳白色小花。

肉錐花屬的繁殖方法

必備用品：盆（2.5號）‧鹿沼土（中粒）‧多肉植物用土‧沸石（小粒）‧剪刀‧土鏟‧殺蟲劑（Orutoran DX‧粒劑）　苗：‧肉錐花屬 歐蘭達阿烏黛比利蒂

1
從栽培盆取出苗株，一邊搓捏根部、一邊去除用土。以手指掐掉老根。

2
以剪刀剪開，每一株苗都保留枝條與根部。

3
苗株緊密相連時，保留枝條，分別剪開。

4
剝掉殘留苗株基部的薄皮。

5
保留根部的苗株乾燥一至兩天，無根部苗株乾燥四至五天。

6
加入中粒鹿沼土至距離盆底約2cm處，接著加入栽培用土。

7
添加殺蟲劑約0.5g後，再加入栽培用土。

8
一邊支撐步驟5的苗株，一邊加入栽培用土後，表面鋪上沸石。

9
無根部苗株以鐵絲固定住。栽種後充分澆水。

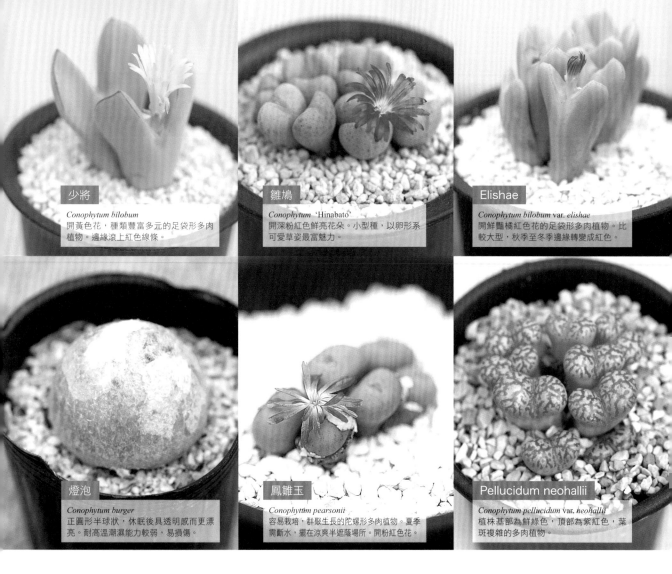

少將
Conophytum bilobum
開黃色花，種類豐富多元的足袋形多肉植物。邊緣滾上紅色線條。

雛鳩
Conophytum 'Hinabato'
開深粉紅色鮮亮花朵。小型種，以卵形系可愛草姿最富魅力。

Elishae
Conophytum bilobum var. *elishae*
開鮮豔橘紅色花的足袋形多肉植物。比較大型，秋季至冬季邊緣轉變成紅色。

燈泡
Conophytum burger
正圓形半球狀，休眠後具透明感而更漂亮。耐高溫潮濕能力較弱，易損傷。

鳳雛玉
Conophytum pearsonii
容易栽培，群聚生長的陀螺形多肉植物。夏季需斷水，擺在涼爽半遮蔭場所。開粉紅色花。

Pellucidum neohallii
Conophytum pellucidum var. *neohallii*
植株基部為鮮綠色，頂部為紫紅色，葉斑複雜的多肉植物。

蝴蝶勳章
Conophytum pellucidum var. *terricolor*
小型種，淺紫色鞍形多肉植物。頂部葉斑不規則分布，群聚生長繁殖。

Point

肉錐花屬的脫皮現象 &
四季變化

肉錐花屬多肉植物每年脫皮一次後繁殖。「枯掉了嗎？」，了解這類多肉植物的四季株姿變化，就不會產生誤解而感到慌張。

1
五月下旬至六月上旬，休眠機制開始啟動。植株布滿皺褶，逐漸轉變成茶色。

2
七月至八月正式進入休眠狀態。包覆著茶色表皮，葉子縮小，呈現枯萎狀態。

3
八月下旬至九月上旬開始生長，表皮裂開，冒出新芽。開始澆水。

露子花屬
照波屬

Delosperma
Bergeranthus

Data
番杏科	南非
春秋型種	細根類型
難易度	★★難度稍高

Sphalmantoides

Delosperma sphalmantoides
細小葉子群聚生長，冬季開粉紅色花。
夏季以感覺乾燥場所為宜。

特徵&栽培訣竅

　　兩種類型皆自生於南非。生長於雨水較少的乾燥地區，厚實葉片大量儲存水分，體質強健的種類。屬於冬型種多肉植物，日本關東以西平地栽種時，可擺在室外過冬。露子花屬分布範圍廣，存在所有生長型，耐寒能力強，因此也適合庭園栽種，是比較不需要費心照料的多肉植物。栽培過程中淋雨也健康生長。照波屬進入開花期後，於下午三點左右開花。

照波錦

Bergeranthus multiceps f. variegata
葉尾細尖，蔓延生長成地毯狀，開黃色
或橘紅色花。

多肉植物 Q&A

Q 多肉植物中有適合庭園或花壇栽種的種類嗎？

A 露子花屬就是其中一個種類，耐寒性松葉菊體質強健，庭植也健康生長。

　　自古以來廣為石牆或圍牆等設施栽種，夏季至秋季開鮮豔粉紅色花，耐寒性絕佳的松葉菊，就是露子花屬種之一。耐寒能力達到-15℃，耐夏季暑熱能力也強，都非常適合庭園或花壇栽種。

露子花屬・照波屬栽培行事曆　春秋型種

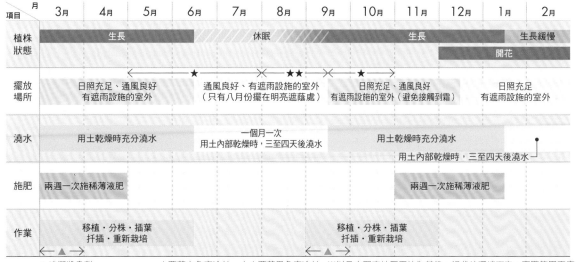

項目 \ 月	3月	4月	5月	6月	7月	8月	9月	10月	11月	12月	1月	2月
植株狀態	生長				休眠				生長			生長緩慢
										開花		
擺放場所	日照充足、通風良好 有遮雨設施的室外				通風良好、有遮雨設施的室外（只有八月份擺在明亮遮蔭處）			日照充足、通風良好 有遮雨設施的室外（避免接觸到霜）			日照充足 有遮雨設施的室外	
澆水	用土乾燥時充分澆水				一個月一次 用土內部乾燥時，三至四天後澆水			用土乾燥時充分澆水				
										用土內部乾燥時，三至四天後澆水		
施肥	兩週一次施稀薄液肥								兩週一次施稀薄液肥			
作業	移植・分株・插葉 扦插・重新栽培						移植・分株・插葉 扦插・重新栽培					

▲噴灑殺蟲劑。　　　★覆蓋白色寒冷紗　★★覆蓋黑色寒冷紗　※以日本關東地區平地為基準。視栽培環境而定，實際範圍更廣。

天女屬
棒葉花屬
肉黃菊屬

Titanopsis
Fenestraria
Faucaria

Data

番杏科	南非
冬型種	主根＋細根類型
難易度	★容易

天女

Titanopsis calcarea
特徵為葉形似小刮杓，葉尾布滿疣粒。夏季太潮濕，植株易損傷，最好擺在屋簷下，減少澆水。

特徵＆栽培訣竅

　　自生南非少雨乾燥地區的女仙類多肉植物。三個種類於一年四季都必須減少澆水，夏季以近似斷水感覺栽培。天女屬葉子厚實，大量儲存水分。夏季光線柔和為宜，但生長期喜愛強烈直射陽光。肉黃菊屬是女仙類多肉植物中體質較強健的種類，大多開黃色花，白花種相當珍貴。討厭潮濕環境，但耐寒能力強，容易栽培。

天女冠

Titanopsis schwantesii
表面布滿白色疣粒，葉呈細窄三角形小刮板狀，秋季至冬季開黃色花。

天女屬・棒葉花屬・肉黃菊屬栽培行事曆　冬型種

項目 \ 月	3月	4月	5月	6月	7月	8月	9月	10月	11月	12月	1月	2月
植株狀態	生長				休眠				生長			生長緩慢
										開花		
擺放場所	日照充足、通風良好 有遮雨設施的室外				通風良好、有遮雨設施的室外 （只有八月份擺在明亮遮蔭處）			日照充足、通風良好 有遮雨設施的室外（避免接觸到霜）			日照充足 有遮雨設施的室外	
澆水	用土乾燥時澆水				一個月兩次 微微地噴霧			用土乾燥時澆水			一個月兩次 微微地噴霧	
施肥	兩週一次施稀薄液肥								兩週一次施稀薄液肥			
作業	移植・分株・插葉 扦插・重新栽培							移植・分株・插葉 扦插・重新栽培				

★覆蓋白色寒冷紗　★★覆蓋黑色寒冷紗

▲噴灑殺蟲劑。

※以日本關東地區平地為基準。視栽培環境而定，實際範圍更廣。

群玉
Fenestraria rhopalophylla
以棍棒形葉，半透明窗最富魅力。秋季
至冬季開白花。夏季避免悶熱。

秋季至冬季大量開花
的肉黃菊屬銀海波。
仔細看，花苞形狀也
很可愛。

銀海波
Faucaria feline
表面光滑的細窄芒狀葉，開黃色蒲公英
般漂亮花朵，體質強健，容易栽培。

怒濤
Faucaria felina ssp. *tuberculosa* 'Dotou'
表面布滿瘤狀斑點而凹凸不平，葉略
帶紅色。

肉黃菊屬的繁殖方法

必備用品：盆（2.5號）・鹿
沼土（中粒）・多肉植物用
土・沸石（小粒）・剪刀・
土鏟・殺蟲劑（Orutoran
DX・粒劑）・鐵絲（適量）
苗：・肉黃菊屬 四海波。

1
從栽培盆輕輕地取出苗株。

2
鬆開根盆，剝掉用土。稍微
附著用土也無妨。

3
保留主莖，小心地剪下植株
基部長出的子株。

4
根部太長時，縮剪成1/2。

5
乾燥四至五天，至切口確實
轉變成白色為止。

6
加入中粒鹿沼土至距離盆底
約2cm後，接著加入栽培用
土。

7
添加殺蟲劑約0.5g後，加滿
栽培用土。

8
一邊支撐步驟（5）的苗株，
一邊補充用土，表面鋪滿沸
石。

9
無根苗株以鐵絲固定住。栽
種後充分澆水。

光玉屬
Frithia

菊光玉

Frithia humilis
初夏開始綻放乳白色及粉紅色花朵。夏季高溫時期需減少澆水。

Data

番杏科	南非
夏型種（接近春秋型）	細根類型
難易度	★★難度稍高

特徵＆栽培訣竅

　　自生南非的女仙類多肉植物。耐暑能力稍強，但易因外觀而被認為管理方式和冬型種女仙相同，事實上，最大特徵為日本栽種時，性質為近似春秋型的夏型種。喜愛強光照射，以窗出現菊花徽章狀葉斑的日照強度最理想。日照不足時，生長狀況變差。冬季休眠後，從三至四月開始進入生長期，夏季酷暑時期稍微休眠，需減少澆水。秋初開始至初冬為止，再度進入生長期。梅雨季節至秋季陸續開花。冬季最低溫達到5℃即可。

Point

光玉屬女仙類中
比較罕見
生長週期屬於
夏型種的多肉植物

　　女仙類的生長週期通常為冬型種，光玉屬正好相反，屬於夏型種。草姿酷似棒葉花屬，生長期外觀，易讓人混淆。

　　先了解光玉屬多肉植物的季節變化吧！

三月中旬

終於從休眠狀態中甦醒過來。整體上還黑勳勳地，葉也還沒展開。一邊觀察情況，少量多次地開始澆水。需擺在日照充足的場所。

六月上旬

進入生長期，葉漸漸轉變成綠色。用土乾燥速度加快，窗浮現菊花徽章狀葉紋。開始長出綠色新葉。

光玉屬栽培行事曆　夏型種（接近春秋型）

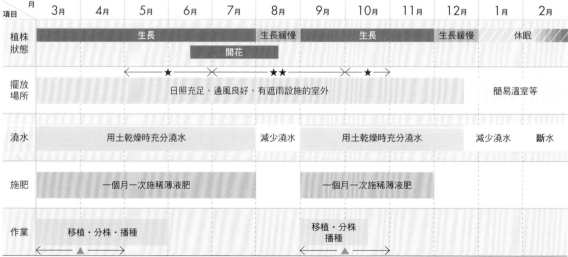

項目＼月	3月	4月	5月	6月	7月	8月	9月	10月	11月	12月	1月	2月
植株狀態		生長				生長緩慢		生長		生長緩慢		休眠
				開花								
		←★→		←★★→				←★→				
擺放場所				日照充足、通風良好、有遮雨設施的室外						簡易溫室等		
澆水		用土乾燥時充分澆水				減少澆水		用土乾燥時充分澆水		減少澆水		斷水
施肥		一個月一次施稀薄液肥						一個月一次施稀薄液肥				
作業		移植・分株・播種					移植・分株播種					

▲噴灑殺蟲劑。　　　　★覆蓋白色寒冷紗　★★覆蓋黑色寒冷紗　※以日本關東地區平地為基準。視栽培環境而定，實際範圍更廣。

生石花屬
Lithops

Data
番杏科	南非・納米比亞等
冬型種	細根類型
難易度	★容易

特徵＆栽培訣竅

自生於南非、納米比亞與波札那的番杏科多肉植物。基本種約40種，若包含變種亞種，種類多到難以正確計數。喜愛石質沙漠般生長環境，隨地質而呈現的擬態斑紋稱為「石化」，葉分布著形形色色的岩石狀斑紋，深深地挑逗著收藏者的心。生長週期屬於冬型種，一再地脫皮後長大。夏季休眠期需擺在通風良好的半遮蔭場所，減少澆水，初秋進入生長期後才開始澆水。

橄欖玉
Lithops olivaceae
小型種綠色多肉植物，渾圓飽滿，模樣可愛。避免悶熱，體質強健，容易栽培。

菊章玉
Lithops 'Kikushougyoku'
日本創作的品種，分布著菊花徽章般葉紋。開潔白漂亮花朵，是比較容易栽培的多肉植物。

大津繪
Lithops otzeniana
大津繪變種，略帶圓形的窗，分布著大型點狀葉斑。

紫勳
Lithops lesliei
初秋開黃色花，自古人們熟悉的品種。群聚生長，球體可長大到直徑5cm左右。

生石花屬栽培行事曆　冬型種

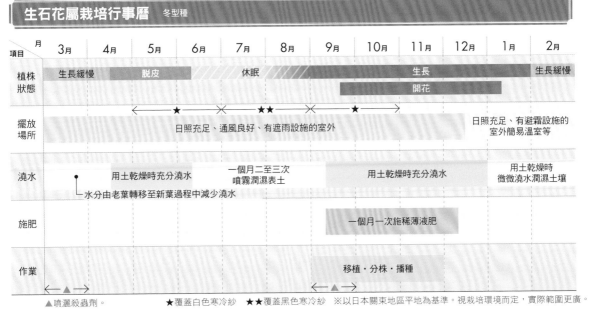

月 項目	3月	4月	5月	6月	7月	8月	9月	10月	11月	12月	1月	2月
植株狀態	生長緩慢	脫皮			休眠			生長				生長緩慢
							開花					
擺放場所			日照充足、通風良好、有遮雨設施的室外						日照充足、有避霜設施的室外簡易溫室等			
澆水	用土乾燥時充分澆水			一個月二至三次噴霧潤濕表土			用土乾燥時充分澆水			用土乾燥時微微澆水潤濕土壤		
	水分由老葉轉移至新葉過程中減少澆水											
施肥						一個月一次施稀薄液肥						
作業						移植・分株・播種						

★覆蓋白色寒冷紗　★★覆蓋黑色寒冷紗　※以日本關東地區平地為基準。視栽培環境而定，實際範圍更廣。
▲噴灑殺蟲劑。

朱唇玉
Lithops karasmontana
*Karasmontana*的改良種，特徵為色彩鮮豔的紅色斑紋。開白色花。

青瓷玉
Lithops helmutii
綠色多肉植物，具有半透明窗，秋末開漂亮黃色花。避免悶熱，希望栽培成大株。

太古玉
Lithops comptonii
小型種，葉帶褐色，清晰分布著紅色網狀斑紋。

生石花屬的繁殖方法

必備用品：盆（2.5號2個）・鹿沼土（中粒）・多肉植物用土・沸石（小粒）・剪刀・土鏟・殺蟲劑（Orutoran DX・粒劑）・緩效性化合肥料（Magamp K・中粒）・淺盤　苗：生石花屬 巴里玉。

1
從栽培盆取出苗株，鬆開根盆。

2
去除用土，摘掉細根。

3
去除苗株基部的脫皮殼與去年的殘花等。

4
去除用土與多餘部分後狀態。

5
摘除根部尾端的1/3。

6
俯瞰苗株，預留根部，剪開成兩部分。

7
避免切口太大，輕輕地剪開成兩部分。

8
乾燥四至五天，至切口轉變成白色為止。

9
加入中粒鹿沼土至距離盆底約2cm處。

10
加入少許栽培用土。

11
添加殺蟲劑約0.5g後，加入栽培用土。

12
加入一小撮緩效性化合肥料。

13
一邊支撐著步驟（8）的苗株，一邊加入栽培用土。

14
表面鋪滿沸石。

15
以相同要領栽種另一株後，充分澆水。

日輪玉

Lithops aucampiae
體質強健，容易栽培，初學者也能輕鬆
栽培。秋季開黃色花。

白薰玉

Lithops karasmontana var. *opalina*
幾乎看不出葉斑，透明感十足的白色多
肉植物。開白色花，具光澤感。

巴里玉

Lithops hallii
以褐色網目狀斑紋最漂亮，開出大朵白花。

微紋玉

Lithops fulviceps
表面分布著茶褐色細緻葉斑。夏季需移
往涼爽遮蔭場所，以斷水感覺栽培。

生石花

Lithops pseudotruncatella ssp. *volkii*
初夏開黃色花，外型奇特的生石花屬多
肉植物。呈現白色陶瓷器般漂亮色彩。

繭形玉

Lithops marmorata
渾圓飽滿，往上突出，顏色鮮綠的多肉植物。中
心綻放漂亮大朵白色花，花瓣尾端為鮮黃色。

綠福來玉

Lithops julii ssp. *fulleri* 'Fuller green'
福來玉的綠色類型，另有茶色等。夏季
幾乎斷水。

Point

生石花屬為一年一度脫皮後繁殖生長的多肉植物

　　草姿宛如小石子，中
心一分為二，中央長出新
芽，模樣像極了脫皮的昆
蟲。

　　一到了春天，葉子浮
現皺紋，即表示要開始脫
皮。漸漸減少澆水，夏
季需擺在通風良好場所，
初秋夜間氣溫下降，進入
生長期後開始澆水。

三月中旬

四月中旬開始脫
皮，老葉裂開成
兩部分，中央冒
出新葉。

六月中旬

休眠期結束後，六
月上旬左右，老葉
像外皮似地往下
縮，中心長出了兩
株嫩綠新株。

83

圓筒仙人掌屬
仙人掌屬
雄叫武者屬

Austrocylindropuntia
Opuntia
Maihueniopsis

將軍
Austrocylindropuntia subulata
奇特的圓筒狀莖部，長著細長葉。需充
分日照與促進通風，留意介殼蟲。

白桃扇
Opuntia microdasys var. *albispina*
小型種團扇仙人掌，表面布滿白色細小
棘刺。栽培重點為充足日照。

Data

仙人掌科	
中南美北部・加拉巴哥群島等	
夏型種	粗根類型
難易度	★容易
	（部分難度稍高）

特徵 & 栽培訣竅

分布地區以南美為中心，具有高山性特質的族群。耐寒能力強，體質強健，容易栽培。大部分種類一年四季皆可室外栽培，因此自古人們就很熟悉。生長期以春季與秋季為主，耐夏暑與冬寒能力兼具。擺在日照充足、通風良好的場所栽培，就會健康地生長。繁殖力也旺盛，進入生長期後插芽，輕易地就能繁殖。

Lanceolata綴化（青海波綴化）
Opuntia lanceolata f. *cristata*
生長快速，綴化種中體質強健，比較容
易栽培的種類。

Mandragora
Maihueniopsis minuta var. *mandragora*
橫向匍匐似地分枝生長的小型種多肉植物。
需促進通風以免悶熱，充分地照射陽光。

圓筒仙人掌屬・仙人掌屬・雄叫武者屬栽培行事曆　夏型種

月 項目	3月	4月	5月	6月	7月	8月	9月	10月	11月	12月	1月	2月
植株 狀態		生長				半休眠		生長			休眠	
		開花						避免溫度低於3℃ 移往日照充足的室內窗邊或室外溫室				
擺放 場所		←―――★―――→			←★★→		←★―――→					
	日照充足的室外或溫室、簡易溫室						日照充足的室外 或溫室、簡易溫室					
	└日照充足的室內窗邊或室外溫室											
澆水		用土乾燥時充分澆水					用土乾燥時充分澆水			一個月一次 噴霧至表土呈濕潤狀態		斷水
					└用土內部乾燥時，三至四天後澆水							
施肥		兩週一次施稀薄液肥					兩週一次施稀薄液肥					
作業		移植・分株・播種・插芽					移植・播種					
	←▲→				←▲→		←▲→					

▲噴灑殺蟲劑。　　　　★覆蓋白色寒冷紗　★★覆蓋黑色寒冷紗　※以日本關東地區平地為基準。視栽培環境而定，實際範圍更廣。

三至五月、九至二月日間確實提升溫度　喜愛25至40℃左右溫度。
六至八月促進通風。　※仙人掌形成晝夜溫差即可（例）夜間15℃・日間35℃。

花籠屬
尤伯球屬

Aztekium
Uebelmannia

Data

仙人掌科	墨西哥・巴西
夏型種	細根類型
難易度	★容易
	（部分難度稍高）

Hintonii

Aztekium hintonii
1990年發表，比較新的品種。生長速度
非常緩慢，深受多肉迷喜愛。

Pseudopectinifera

Uebelmannia pectinifera var. *pseudopectinifera*
較小型種，深綠色圓筒形多肉植物。夏季
需柔化強光，冬季溫度需確保5℃以上。

花籠

Aztekium ritteri
形狀獨特，表面布滿纖細皺褶。植株長大後，
長出子株，群聚生長。生長期喜愛水分。

特徵＆栽培訣竅

　　花籠屬自生於墨西哥山區，
小型種多肉植物，生長速度非常緩
慢，但體質強健，容易栽培。討厭
夏季強烈直射陽光。就外觀印象，
生長期比較喜愛水分。

　　尤伯球屬自生於巴西，相較
於一般仙人掌，喜愛比較柔和光
線。生長緩慢，不耐盛夏夏強烈直
射陽光與35℃以上高溫。生長期
以春季與秋季為主。

花籠屬・尤伯球屬栽培行事曆　夏型種

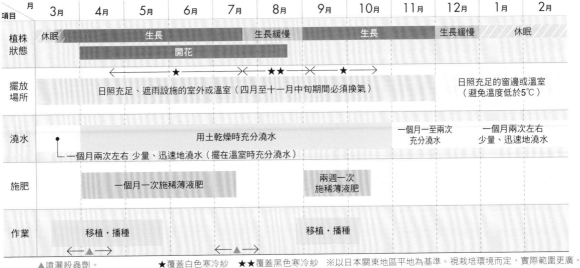

項目\月	3月	4月	5月	6月	7月	8月	9月	10月	11月	12月	1月	2月
植株狀態	休眠	生長				生長緩慢	生長		生長緩慢		休眠	
		開花										
擺放場所	日照充足、遮雨設施的室外或溫室（四月至十一月中旬期間必須換氣）								日照充足的窗邊或溫室（避免溫度低於5℃）			
澆水	一個月兩次左右 少量、迅速地澆水（擺在溫室時充分澆水）		用土乾燥時分充澆水					一個月一至兩次充分澆水		一個月兩次左右少量、迅速地澆水		
施肥		一個月一次施稀薄液肥				兩週一次施稀薄液肥						
作業	移植・播種					移植・播種						

▲噴灑殺蟲劑。　　★覆蓋白色寒冷紗　★★覆蓋黑色寒冷紗　※以日本關東地區平地為基準。視栽培環境而定，實際範圍更廣。

三至五月、九至二月日間確實提升溫度　喜愛25至40℃左右溫度。
六至八月促進通風。　※仙人掌形成晝夜溫差即可（例）夜間15℃・日間35℃。

星球屬
Astrophytum

Data

仙人掌科	
	德克薩斯州（美國） 墨西哥
夏型種	細根類型
難易度	★★難度稍高

特徵＆栽培訣竅

　　具有稱為星點的刺座，統稱有星類的多肉植物。最具代表性的兜丸，廣受喜愛到出現專門收藏者。春季至夏季開花，花朵漂亮，以黃色為主。喜愛日照，擺在溫室等日間可升溫的場所更容易栽培。冬季完全斷水可能影響生長，溫度必須確保5℃以上，一個月迅速澆水兩次左右，重點為慢慢地改善為適合生長的環境。

大疣瑠璃兜
Astrophytum asterias var. *nudum*
表面疣粒大於一般品種的琉璃兜。暗綠色表皮將白皙大疣粒襯托得更顯眼。

恩塚鸞鳳玉
Astrophytum myriostigma 'Onzuka'
特徵為表面密集排列碩大星點，白毛部分出現Y形箭頭符號。

兜丸
Astrophytum asterias
八個稜狀部位平均分布，形狀酷似海膽。無棘刺，分布著細毛狀疣粒的超人氣多肉植物。

紅葉鸞鳳玉
Astrophytum myriostigma 'Koh-yo'
一到了秋季，頂部的生長點周圍開始呈現紅葉狀態。邁入春季後恢復原本顏色。

星球屬栽培行事曆　夏型種

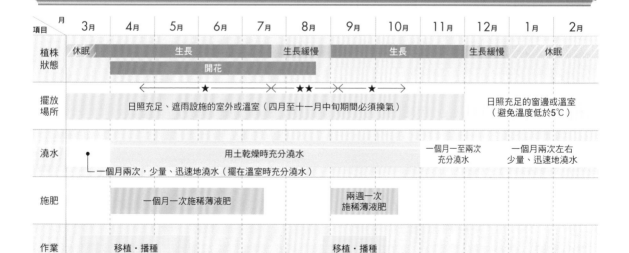

項目 ＼ 月	3月	4月	5月	6月	7月	8月	9月	10月	11月	12月	1月	2月
植株狀態	休眠	生長				生長緩慢		生長		生長緩慢		休眠
		開花										
擺放場所	←──────→ ★ ←──→ ★★ ←→ ★ ──────→ 日照充足、遮雨設施的室外或溫室（四月至十一月中旬期間必須換氣）									日照充足的窗邊或溫室 （避免溫度低於5℃）		
澆水	● ─ 一個月兩次，少量、迅速地澆水（擺在溫室時充分澆水）	用土乾燥時充分澆水							一個月一至兩次 充分澆水	一個月兩次左右 少量、迅速地澆水		
施肥		一個月一次施稀薄液肥					兩週一次 施稀薄液肥					
作業		移植・播種 ←─ ▲ ─→			移植・播種 ←─ ▲ ─→							

▲噴灑殺蟲劑。　　　★覆蓋白色寒冷紗　★★覆蓋黑色寒冷紗　※以日本關東地區平地為基準。視栽培環境而定，實際範圍更廣。

三至五月、九至二月日間確實提升溫度　喜愛25至40℃左右溫度。
六至八月促進通風。　※仙人掌形成晝夜溫差即可（例）夜間15℃・日間35℃。

三角鸞鳳玉
Astrophytum myriostigma var. *tricostatum*
具有三個稜狀部位，以幾何圖形般正勻稱外型最美。喜愛日照充足與排水良好的環境。

超級兜
Astrophytum asterias 'Superkabuto'
以具有獨特碩大白點的野生兜為親株，日本成功栽培的多肉植物。開黃色花，中心為黃色。

Strongirogonum
Astrophytum myriostigma var. *strongylogonum*
直徑大於一般鸞鳳玉，以渾圓豐厚的稜部與小白點為最大特徵。

白條複隆鸞鳳玉
Astrophytum myriostigma cv.
表皮光滑深綠。分布於五個稜部的白色線條最迷人。

碧瑠璃鸞鳳玉
Astrophytum myriostigma var. *nudum*
無棘刺、無鸞鳳玉特有白點的星形多肉植物。以閃亮深綠色表皮最漂亮。

Miracle兜
Astrophytum asterias 'Miracle Kabuto'
兜丸種類中白點特別耀眼的種類。日本命名。

星球屬的交配方法

1

決定交配親株，以鑷子夾取交配對象花朵的花粉。

2

將步驟（1）的花粉，塗抹在交配親株的雌蕊上，請於天氣晴朗的日間進行。

3

花謝後，子房膨脹，形成種子。

4

（4）子房確實膨脹後乾掉轉變成白色，即可從種莢取出種子。

5

取出種子後進行採播，或等春季播在栽培用土上。種子發芽後，一年左右就長成小苗。

岩牡丹屬
烏羽玉屬

Ariocarpus
Lophophora

Data
仙人掌科	德克薩斯州（美國）、墨西哥等
夏型種	細根類型＋粗根類型
難易度	★★難度稍高（岩牡丹屬 Ariocarpus） ★容易（烏羽玉屬 Lophophora）

龍舌蘭牡丹 × 黑牡丹
Ariocarpus agavoides×kotschoubeyanus
龍舌蘭牡丹與黑牡丹的交配種。開深粉紅色花，但存在著個體差異。

Cauliflower
Ariocarpus retusus 'Cauliflower'
表面分布著大疣粒而凹凸不平的葉，與中心的白色綿毛，讓人不由地聯想起綠花椰菜。

特徵＆栽培訣竅

岩牡丹屬為秋季開花的仙人掌，根部肥大後呈現芋薯狀。擺在溫室裡，將溫度調整為35至40℃，在光線相當柔和的環境中栽培。冬季溫度需維持在5℃以上。易引發介殼蟲，躲在葉子之間而不容易發現，經常令人措手不及，需留意。連山、龜甲牡丹易罹患葉蟎，水滴到植株上易腐爛。烏羽玉屬表皮柔軟無棘刺，體質強健。

龜甲牡丹
Ariocarpus fissuratus
以布滿葉面的疣粒最具特徵。廣受歡迎的多肉植物。耐寒能力較弱，冬季需留意。

黑牡丹
Ariocarpus kotschoubeyanus
小型種，葉色暗綠，形狀扁平的半球狀多肉植物。葉面分布著小巧三角形狀條。秋季開紫紅色花。

岩牡丹屬・烏羽玉屬栽培行事曆　夏型種

月 項目	3月	4月	5月	6月	7月	8月	9月	10月	11月	12月	1月	2月
植株狀態	休眠	生長					生長緩慢	生長		生長緩慢		休眠
				開花 岩牡丹屬九至十月・烏羽玉屬七月至九月								
擺放場所	←　　★　　←　　★★　　★　　→									日照充足的窗邊或溫室 （避免溫度低於5℃）		
	日照充足、遮雨設施的室外或溫室（四月至十一月中旬期間必須換氣）											
澆水	一個月兩次左右，少量、迅速地澆水		用土乾燥時充分澆水 岩牡丹屬八月份減少澆水						一個月一至兩次 充分澆水	一個月兩次左右 少量、迅速地澆水		
施肥		一個月一次施稀薄液肥					兩週一次 施稀薄液肥					
作業	移植・播種・分株						移植・播種・分株					

▲噴灑殺蟲劑。　　　　★覆蓋白色寒冷紗　★★覆蓋黑色寒冷紗　※以日本關東地區平地為基準。視栽培環境而定，實際範圍更廣。

三至五月、九至二月日間確實提升溫度　喜愛25至40℃左右溫度。
六至八月促進通風。　※仙人掌形成晝夜溫差即可（例）夜間15℃・日間35℃。

象牙牡丹
Ariocarpus furfuraceus var. *magnificum*
無棘刺，以飽滿厚實的三角形葉，與頂部的蓬鬆柔軟綿毛最富魅力。花也很美。

變疣青瓷牡丹
Ariocarpus furfuraceus var. *brebituberosus*
特徵為疣粒突變，表皮為淡雅翡翠色，厚實葉片覆蓋著白粉。疣粒範圍較大。

連山
Ariocarpus fissuratus var. *lloydii*
秋季綻放漂亮紫紅色花的代表性品種。葉子分布著三角形疣粒，可栽培成球狀。

烏羽玉
Lophophora williamsii
無棘刺，光滑細緻的表皮上長著白毛。根部長成芋薯狀，是耐寒能力較強的多肉植物。

銀冠玉
Lophophora fricii var. *decipiens*
表皮泛白，形狀扁平，可栽培成大型的球狀多肉植物。春季至夏季開甜美可愛粉紅花朵。

翠冠玉
Lophophora diffusa
分布著漂亮綿毛，由周圍澆水，避免直接由頂部澆下，綿毛顯得更蓬鬆柔軟。

烏羽玉屬的繁殖方法

必備用品：盆（2.5號：數個・3.5號：1個）・鹿沼土（中粒）・多肉植物用土・沸石（小粒）・剪刀・美工刀・土鏟・殺蟲劑（Orutoran DX・粒劑）・緩效性肥料Magamp K・發根促進劑（Rooting）　苗：烏羽玉屬 翠冠玉。

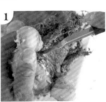

1
從栽培盆取出苗株，清理根部，以美工刀切下連結著親株的子株。

2
栽種後就會長出新根，因此修剪老根。留下1/3左右即可。

3
無根子株趁切口乾燥前沾上發根促進劑。

4
並排在通風良好的半遮蔭等場所，直接乾燥一至兩星期。

5
3.5號盆加入鹿沼土至距離盆底約2cm處後，加入栽培用土約盆高的2cm。

6
添加殺蟲劑約0.5g後，加入栽培用土，撒入一小撮緩效性肥料。

7
加入少許用土後，一手拿步驟（4）的親株，一手加入用土，於用土表面鋪上沸石。

8
以相同要領栽種步驟（4）的子株。栽種後充分澆水。

金鯱屬
瘤玉屬
強刺球屬

Echinocactus
Thelocactus
Ferocactus

Data
仙人掌科
美國南西部・墨西哥
夏型種　細根類型
難易度　★★難度稍高

綾波錦
Echinocactus texensis f. *variegata*
綾波的斑葉種。藍綠色表皮上分布著黃斑，以暗紅色的棘刺最美。不耐夏季高溫。

金鯱
Echinocactus grusonii
體質強健，生長快速的強刺系代表品種。喜愛充足日照。氣溫低於5℃時，表皮出現紅色斑點。

特徵＆栽培訣竅

三種皆被稱為強刺類，仙人掌種類中顆粒碩大又長著氣派棘刺的類型。一年四季都喜愛強烈日照。希望每年都長出堅韌鮮豔的棘刺，栽培重點是，日夜溫差必須夠大。日間以濕度低、溫度高的環境較適合。擺在濕度、溫度太高的環境時，棘刺易產生黑色黴菌。棘刺生長時期需充分澆水，其他時期則以感覺乾燥管理為宜。

翠平丸
Echinocactus horizonthalonius var. *complatus*
霧面質感的表皮上，整齊排列著淺粉紅色棘刺而魅力無窮。開漂亮大朵粉紅色花。

太平丸
Echinocactus horizonthalonius
生長緩慢，喜愛日照。根部受損時，需要很長時間才會恢復，需留意。

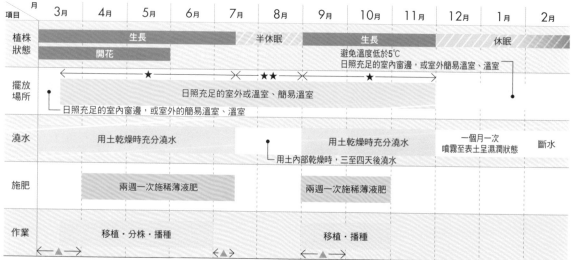

金鯱屬・瘤玉屬・強刺球屬栽培行事曆　夏型種

項目	月	3月	4月	5月	6月	7月	8月	9月	10月	11月	12月	1月	2月
植株狀態		生長					半休眠	生長				休眠	
		開花						避免溫度低於5℃					
擺放場所		★			★★			★	日照充足的室內窗邊，或室外簡易溫室、溫室				
		日照充足的室外或溫室、簡易溫室											
		日照充足的室內窗邊，或室外的簡易溫室、溫室											
澆水		用土乾燥時充分澆水						用土乾燥時充分澆水			一個月一次 噴霧至表土呈濕潤狀態		斷水
							用土內部乾燥時，三至四天後澆水						
施肥			兩週一次施稀薄液肥					兩週一次施稀薄液肥					
作業		移植・分株・播種						移植・播種					

▲噴灑殺蟲劑。　　★覆蓋白色寒冷紗　★★覆蓋黑色寒冷紗　※以日本關東地區平地為基準。視栽培環境而定，實際範圍更廣。

三至五月，九至二月日間確實提升溫度　喜愛25至40℃左右溫度。
六至八月促進通風。　※仙人掌形成畫夜溫差即可（例）夜間15℃・日間35℃。

改元丸

Thelocactus setispinus var. *hamatus*
群聚生長後，以子株繁殖。棘刺尖端往
內彎曲。體質強健，容易栽培。

大統領

Thelocactus bicolor
喜愛日照，栽培重點為通風與澆水需適
度。開大朵粉紅色花而受歡迎。

鶴巢丸

Thelocactus rinconensis ssp. *nidulans*
藍白色表皮與鐵絲般修長尖銳的褐色棘刺最富
魅力。需擺在陽光充足、通風良好場所栽培。

赤刺金冠龍

Ferocactus chrysacanthus f. *rubrispinus*
布滿鮮豔修長的紅色棘刺。春季開紅色
花朵。喜愛日照。

黃金冠

Ferocactus orcuttii 'OHGONKAN'
植株上密生修長黃色棘刺。體質強健，
比較容易栽培。

金冠竜

Ferocactus chrysacanthus
黃色棘刺修長尖銳。植株布滿棘刺。強刺類中
棘刺不會掉落的種類。

金鯱玉

Ferocactus latispinus var. *flavispinus*
布滿寬又尖銳的黃色棘刺。冬季開黃色
花。

鯱頭

Ferocactus cylindraceus
可長高至2m，棘刺顏色變化萬千，魅力
無窮的仙人掌。

日出丸

Ferocactus latispinus
長著扁平紅色棘刺。希望棘刺長得更粗、顏色
更紅，需要充足日照與較大的日夜溫差。

鹿角柱屬
Echinocereus

Data

仙人掌科	美國南部·墨西哥
夏型種	細根類型
難易度	★★難度稍高

銀紐
Echinocereus poselgeri
細長棒狀，地下形成塊根的仙人掌。夏季稍微遮光較好。乾燥時澆水。

疏刺仙人柱
Echinocereus triglochidiatus
色澤明亮鮮綠的圓柱狀仙人掌。喜愛日照。春季開大朵紅色花。

特徵&栽培訣竅

分布地區以北美為中心的族群。日本統稱「蝦仙人掌」，特徵為開大朵紅色、黃色或白色花。生長快速，耐暑耐寒能力皆強。一部分品種需減少澆水進行調整，有些品種邁入冬季後，必須適度地接觸寒冷空氣，才不會影響開花。整體而言，夏季喜愛通風良好的明亮場所。冬季溫度需確保5至0℃以上。

Fendleri
Echinocereus fendleri
喜愛日照充足的場所。生長緩慢，夏季不耐潮濕。冬季需擺在感覺乾燥的場所管理。

紫太陽
Echinocereus rigidissimus ssp. *rubrispinus*
布滿紫色棘刺的漂亮仙人掌。冬季適度地接觸冷空氣，開花狀況更好。

鹿角柱屬栽培行事曆　夏型種

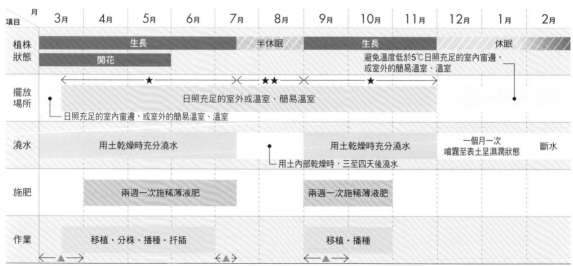

項目\月	3月	4月	5月	6月	7月	8月	9月	10月	11月	12月	1月	2月
植株狀態	生長				半休眠		生長				休眠	
	開花					避免溫度低於5℃日照充足的室內窗邊，或室外的簡易溫室、溫室						
擺放場所	★				★★							
	日照充足的室外或溫室、簡易溫室											
	日照充足的室內窗邊，或室外的簡易溫室、溫室											
澆水	用土乾燥時充分澆水						用土乾燥時充分澆水			一個月一次噴霧至表土呈濕潤狀態		斷水
						用土內部乾燥時，三至四天後澆水						
施肥		兩週一次施稀薄液肥					兩週一次施稀薄液肥					
作業		移植·分株·播種·扦插					移植·播種					

▲噴灑殺蟲劑。　　★覆蓋白色寒冷紗　★★覆蓋黑色寒冷紗　※以日本關東地區平地為基準。視栽培環境而定，實際範圍更廣。

三至五月、九至二月日間確實提升溫度　喜愛25至40℃左右溫度。
六至八月促進通風。　※仙人掌形成晝夜溫差即可（例）夜間15℃·日間35℃。

白裳屬
巨人柱屬
摩天柱屬

Espostoa
Carnegiea
Pachycereus

Data

仙人掌科	美國西南部、墨西哥、南美
夏型種	細根類型
難易度	★容易（部分難度稍高）

老樂
Espostoa lanata
成長後可高達2m的大型柱狀仙人掌。長出子株後，繁衍成叢生狀態。

弁慶柱
Carnegiea gigantean
自生地生長可高達12m，但生長緩慢。以日照充足與促進通風最重要。當地生長時，夜晚開白花。

特徵＆栽培訣竅

　　自生於祕魯、美國亞利桑那州、墨西哥等地區，三種都是可栽培得很高大的柱狀仙人掌。體質較強健，但生長緩慢，日本栽種時，需要花很長時間栽培，才會發揮原有潛力而長得很高大。自生地通常為草地、布滿岩石等濕氣偏低的場所，因此不耐夏季悶熱。白裳屬淋到雨易弄髒白色綿毛，建議移往屋簷下。其他種類都適合室外栽培。

白雲閣綴化
Pachycereus marginatus f. cristata
需擺在日照充足與通風良好場所栽培，不耐潮濕。冬季減少澆水。

福祿壽
Pachycereus schottii f. monstrosus
無棘刺，稜部突變成瘤狀。討厭高溫，可能因高溫傷害而轉變成茶色。

白裳屬・巨人柱屬・摩天柱屬栽培行事曆　夏型種

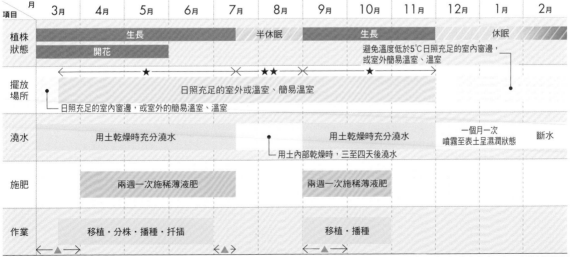

項目 \ 月	3月	4月	5月	6月	7月	8月	9月	10月	11月	12月	1月	2月
植株狀態	生長					半休眠		生長			休眠	
	開花						避免溫度低於5℃日照充足的室內窗邊，或室外簡易溫室、溫室					
擺放場所	←───────────────── ★ ──────────────→ |←★★→|←── ★ ──→											
	日照充足的室外或溫室、簡易溫室											
	└日照充足的室內窗邊，或室外的簡易溫室、溫室											
澆水	用土乾燥時充分澆水					用土內部乾燥時，三至四天後澆水	用土乾燥時充分澆水			一個月一次噴霧至表土呈濕潤狀態		斷水
施肥		兩週一次施稀薄液肥					兩週一次施稀薄液肥					
作業		移植・分株・播種・扦插					移植・播種					

▲噴灑殺蟲劑。　　　★覆蓋白色寒冷紗　★★覆蓋黑色寒冷紗　※以日本關東地區平地為基準。視栽培環境而定，實際範圍更廣。

三至五月、九至二月日間確實提升溫度　喜愛25至40℃左右溫度。
六至八月促進通風。　※仙人掌形成書夜溫差即可（例）夜間15℃・日間35℃。

93

月世界屬
姣麗球屬
斧突球屬

Epithelantha
Turbinicarpus
Pelecyphora

Data

仙人掌科	墨西哥等
夏型種	細根類型
難易度	★★難度稍高

小人之帽
Epithelantha bokei
耐悶熱能力弱，夏季需擺在通風良好的全日照場所管理，減少澆水。

白鯱
Turbinicarpus knuthianus
布滿蓬鬆柔軟的棘刺。需要適度通風與澆水。冬季擺在乾燥場所栽培。

特徵＆栽培訣竅

　　三種都是喜愛強烈照射陽光，群聚生長的小型種仙人掌。生長緩慢，棘刺小，可欣賞甜美花朵而魅力無窮。充分沐浴陽光就長成渾圓漂亮形狀，日照不足時易徒長而變形。盛夏光線太強，利用寒冷紗即可使光線更柔和。夏季與冬季減少澆水，擺在乾燥的場所即可。

薔薇丸
Turbinicarpus valdezianus
由1cm左右的小苗就開始綻放粉紅色花朵。生長期照射強光，提升溫度即可。

銀牡丹
Pelecyphora strobiliformis
灰綠色小球狀仙人掌。表面布滿三角形疣粒。季節轉變時留意葉蟎。

月世界屬・姣麗球屬・斧突球屬栽培行事曆　夏型種

項目	3月	4月	5月	6月	7月	8月	9月	10月	11月	12月	1月	2月
植株狀態	生長					半休眠	生長				休眠	
	開花						避免溫度低於5℃ 日照充足的室內窗邊，或室外簡易溫室、溫室					
擺放場所		★			★★		★					
	日照充足的室外或溫室、簡易溫室											
	└ 日照充足的室內窗邊，或室外的簡易溫室、溫室											
澆水	用土乾燥時充分澆水						用土乾燥時充分澆水			一個月一次 噴霧至表土呈濕潤狀態		斷水
					└ 用土內部乾燥時，三至四天後澆水							
施肥	兩週一次施稀薄液肥						兩週一次施稀薄液肥					
作業	移植・分株・播種・扦插						移植・播種					

▲噴灑殺蟲劑。　　　★覆蓋白色寒冷紗　★★覆蓋黑色寒冷紗　※以日本關東地區平地為基準。視栽培環境而定，實際範圍更廣。

三至五月、九至二月日間確實提升溫度　喜愛25至40℃左右溫度。
六至八月促進通風。　※仙人掌形成晝夜溫差即可（例）夜間15℃・日間35℃。

極光球屬
溝寶山屬
花飾球屬

Eriosyce
Sulcorebutia
Weingartia

Data

仙人掌科	南美等
夏型種	主根＋細根類型
難易度	★★難度稍高

Intermedia
Eriosyce intermedia
以黑色棘刺與灰綠色表皮最漂亮。喜愛日照，通風與澆水需適度。

Albissima
Sulcorebutia albissima
喜愛日照。生長期喜愛水分，根部長成芋薯狀，冬季需擺在感覺乾燥的場所。

特徵＆栽培訣竅

自生地以南美為主的小型種仙人掌。長時間確實地照射柔和光線才不會徒長，以白色寒冷紗遮光，或擺在明亮半遮蔭場所即可。根部形成塊根或長成芋薯狀，需擺在感覺乾燥的場所管理。梅雨季節確實控制水分即可避免徒長。溝寶山屬易罹患葉蟎。

Sucurensis
Weingartia sucrensis
喜愛能夠長時間照射陽光，但需微微遮光的場所。易罹患葉蟎，需留意。

Rauschii
Sulcorebutia rauschii
由植株基部開出鮮豔的粉紅色花。需擺在明亮的半遮蔭場所管理。冬季移往乾燥的環境。

極光球屬・溝寶山屬・花飾球屬栽培行事曆　夏型種

月 項目	3月	4月	5月	6月	7月	8月	9月	10月	11月	12月	1月	2月
植株狀態	生長					半休眠	生長				休眠	
	開花						避免溫度低於5℃ 日照充足的室內窗邊，或室外簡易溫室、溫室					
擺放場所	←★→　×←★★→×　★											
	日照充足的室內窗邊，或室外的簡易溫室、溫室	日照充足的室外或溫室、簡易溫室										
澆水	用土乾燥時充分澆水					用土內部乾燥時，三至四天後澆水	用土乾燥時充分澆水			一個月一次 噴霧至表土呈濕潤狀態		斷水
施肥	兩週一次施稀薄液肥						兩週一次施稀薄液肥					
作業	移植・分株・播種・扦插						移植・播種					

▲噴灑殺蟲劑。　　　★覆蓋白色寒冷紗　★★覆蓋黑色寒冷紗　※以日本關東地區平地為基準。視栽培環境而定，實際範圍更廣。

三至五月、九至二月日間確實提升溫度　喜愛25至40℃左右溫度。
六至八月促進通風。　※仙人掌形成晝夜溫差即可（例）夜間15℃・日間35℃。

裸萼球屬
頂花球屬

Gymnocalycium
Coryphantha

Data
仙人掌科	
	美國・墨西哥・南美等
夏型種	粗根類型
難易度	★容易

海王丸
Gymnocalycium demudatum
顏色深綠，棘刺呈圓弧狀，非常獨特。
需微微地遮光，確保空氣中濕度。

火星丸
Gymnocalycium calochlorum
小型種，形狀扁平，易長出子株。開淺粉紅
色花。需擺在明亮半遮蔭場所管理。

特徵&栽培訣竅

　自生於南美至北美一帶，粗根
儲存水分的族群。裸萼球屬大多討
厭盛夏高溫，喜愛柔和日照。過於
提升溫度時，易罹患南美病，出現
小瘢瘤狀傷害等症狀，頂花球屬耐
寒性稍弱，冬季出現橘色斑點為寒
害警訊，需立即作好防寒措施。

Carminanthum
Gymnocalycium oenanthemum ssp. carminanthum
形狀渾圓端正，棘刺沿著稜部並排生
長。夏季開漂亮紅花。

蛇紋玉
Gymnocalycium paraguayense f. fleischerianum
表皮深綠具光澤感，稜部並排長出短短的棘
刺。需擺在通風良好的明亮半遮蔭場所管理。

裸萼球屬・頂花球屬栽培行事曆　夏型種

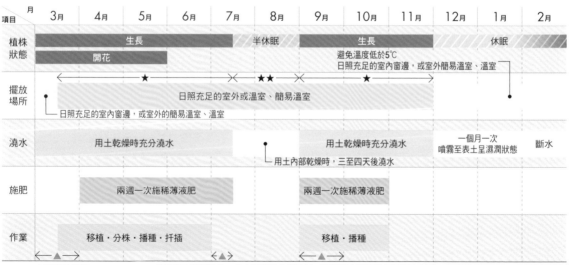

▲噴灑殺蟲劑。　　★覆蓋白色寒冷紗　★★覆蓋黑色寒冷紗　※以日本關東地區平地為基準。視栽培環境而定，實際範圍更廣。

三至五月、九至二月日間確實提升溫度　喜愛25至40℃左右溫度。
六至八月促進通風。　※仙人掌形成晝夜溫差即可（例）夜間15℃・日間35℃。

翠晃冠錦

Gymnocalycium anisitsii f. *variegata*
分布著黃色與橘色斑的翠晃冠。斑的分布情形存在著個體差異。

天平丸

Gymnocalycium spegazzinii
整個球體布滿修長的褐色棘刺。夏季開漂亮淺粉紅色花。

緋牡丹錦

Gymnocalycium friedrichii f. *variegata*
生長期喜愛水分。不耐強光，擺在半遮蔭場所時，需以寒冷紗調節光線。冬季以斷水感覺栽培。

Ferosior（裸萼球屬）

Gymnocalycium hybopleurum var. *ferosior*
碧巖玉的強刺系變種，綠色表皮上布滿粗大修長的棘刺。

Bruchii brigittae

Gymnocalycium bruchii var. *brigittae*
具光澤感的墨綠色表皮，將棘刺襯托得更亮眼。適合以柔和光線栽培。

金碧

Gymnocalycium multiflorum var. *albispinum*
稜部較深的綠色球狀仙人掌。開大朵粉紅色花。

牡丹玉

Gymnocalycium friedrichii
表面分布著清晰鮮明的帶紫色橫向條紋。照射強光後易褪色，最好擺在陰暗半遮蔭場所管理。

金環食

Coryphantha pallida
稍微往上生長的球狀仙人掌，頂部開出漂亮花朵而更耀眼。

大祥冠

Coryphantha poselgeriana
肉質較硬的球狀仙人掌。秋季開淺紫色花。需促進通風，適度地澆水。

菊水屬
乳突球屬

Strombocactus
Mammillaria

Data

仙人掌科	
	美國西南部・墨西哥・中美等
夏型種	主根＋細根類型
難易度	★容易

菊水
Strombocactus disciformis
扁平圓形，表皮灰白的小型種仙人掌。生長緩慢，討厭夏季直射陽光與悶熱。

明日香姬
Mammillaria gracilis 'Arizona Snowcap'
開花似地整球布滿白色棘刺，甜美可愛的仙人掌。開深粉紅色花。

赤花高砂
Mammillaria bocassana 'Roseiflora'
表面布滿蓬鬆柔軟的白色棘刺，春季環狀綻放粉紅色花。夏季悶熱需留意。

Olibiae
Mammillaria oliviae
繁殖力旺盛，周圍長滿子株。體質強健易栽培。開大朵粉紅色花。

特徵＆栽培訣竅

生長緩慢，棘刺小，花朵甜美可愛，值得好好欣賞的族群。菊水屬生長緩慢，喜愛日照。但夏季直射強烈陽光易曬傷，需利用寒冷紗等調節。乳突球屬又稱疣仙人掌，棘刺顏色、形狀與花色等豐富多元。喜愛強光，日照不足時影響外型。盛夏需減少澆水，擺在感覺乾燥的場所栽培，更健康地生長。

菊水屬・乳突球屬栽培行事曆　夏型種

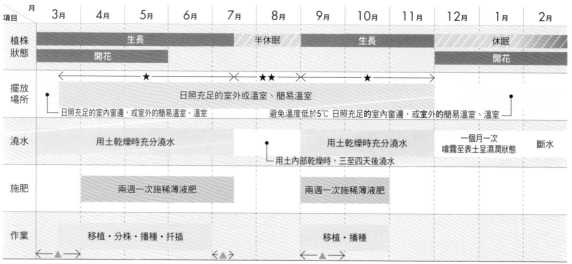

項目 \ 月	3月	4月	5月	6月	7月	8月	9月	10月	11月	12月	1月	2月
植株狀態		生長				半休眠	生長				休眠	
	開花										開花	
擺放場所				★		★★		★				
		日照充足的室外或溫室、簡易溫室										
	日照充足的室內窗邊，或室外的簡易溫室、溫室					避免溫度低於5℃ 日照充足的室內窗邊，或室外的簡易溫室、溫室						
澆水		用土乾燥時充分澆水					用土乾燥時充分澆水			一個月一次 噴霧至表土呈濕潤狀態		斷水
						用土內部乾燥時，三至四天後澆水						
施肥		兩週一次施稀薄液肥					兩週一次施稀薄液肥					
作業		移植・分株・播種・扦插					移植・播種					

▲噴灑殺蟲劑。　　　★覆蓋白色寒冷紗　★★覆蓋黑色寒冷紗　※以日本關東地區平地為基準。視栽培環境而定，實際範圍更廣。

三至五月、九至二月日間確實提升溫度　喜愛25至40℃左右溫度。
六至八月促進通風。　※仙人掌形成晝夜溫差即可（例）夜間15℃・日間35℃。

陽炎
Mammillaria pennispinosa
纖細羽毛狀白色棘刺中，長出淺桃紅色鉤刺的漂亮仙人掌。喜愛光線，不耐高溫潮濕。

春星
Mammillaria humboldtii Ehrenb.
布滿蓬鬆柔軟的白色短棘刺。開冠狀粉紅色花。留意悶熱。

玉翁殿
Mammillaria hahniana f. lanata
疣粒旁長出修長白毛。栽培時促進通風，耐暑、耐寒能力都很強。

金手毬綴化
Mammillaria elongata f. cristata
布滿柔軟金色棘刺，觸摸也不太會刺痛。

銀鯱
Mammillaria surculosa
橫向蔓延生長成地毯狀，長出子株後群聚生長。秋季開黃色花。

Elongata
Mammillaria elongata
長滿黃色棘刺，長成圓柱狀的小型種仙人掌，容易栽培，生長快速，長出子株後群聚生長。

必備用品：盆（2.5號）・鹿沼土（中粒）・多肉植物用土・沸石（小粒）・鑷子・剪刀・土鏟・殺蟲劑（Orutoran DX・粒劑）・緩效性化合肥料（Magamp K）
苗：乳突球屬 金洋丸。

乳突球屬的移植方法

1

進行移植以促進植株生長。避免棘刺傷害，以鑷子輕輕地夾住基部後，從栽培盆夾出植株。

2

一邊留意棘刺，一邊捏住植株基部，鬆開根部，撥掉附著根部的用土。

3

以鑷子夾住植株基部，利用剪刀，將根部剪掉1/2左右。修剪後擺在明亮遮蔭處陰乾切口。

4

將植株擺在空盆裡，陰乾根部一至兩星期。朝上或橫向擺放易破壞形狀。

5

加入中粒鹿沼土至距離盆底約2cm處，接著倒入栽培用土。

6

添加殺蟲劑約0.5g後，再加入栽培用土。

7

撒入一小撮緩效性化合肥料。

8

以鑷子夾高步驟（4），加入栽培用土後種下植株。

9

表面薄薄地鋪上一層沸石。栽種後擺在半遮蔭場所管理一星期。

白鷺
Mammillaria albiflora
小型種，布滿白色棘刺的圓柱狀仙人掌。
長滿子株後群聚生長。夏季潮濕需留意。

白星
Mammillaria plumose
表面包覆著蓬鬆柔軟、具透明感、扎手不疼
痛的白色棘刺。開乳白色花。容易栽培。

玉翁
Mammillaria hahniana
小型種圓柱狀仙人掌，表面長滿柔軟白
色棘刺。冬季開粉紅色冠狀小花。

月影丸
Mammillaria zeilmanniana
圓形的圓柱狀仙人掌，長出子株後群聚生
長。多花性，開花期間可能開滿花朵。

Duwei
Mammillaria crinita ssp. *duwei*
小型種，直徑4cm左右的植株群聚生
長，花色豐富多彩。

Haudeana
Mammillaria saboae ssp. *haudeana*
小型種，群聚生長，長成大株的深綠色仙
人掌。花況絕佳，開漂亮的深粉紅色花。

白鳥
Mammillaria herrerae
表面布滿白色纖細棘刺，長出子株後群
聚生長，喜愛日照的仙人掌。

Pico
Mammillaria spinosissima cv.
長出纖細修長白色棘刺的圓柱狀仙人掌。綠
色表皮賞心悅目。開深粉紅色漂亮花朵。

姬春星
Mammillaria humboldtii var. *caespitosa*
小型種，表面覆蓋著白毛般棘刺。長出子
株後群聚生長，體質強健，容易栽培。

Mammillaria Haitiensis

Mammillaria prolifera ssp. *haitiensis*
小型種球狀仙人掌，白毛中長出褐色棘刺。群聚生長後，長成大株。

Pointeri montruosa

Mammillaria crinita ssp. *painteri* f. *monstruosa*
Pointeri的突變種。綠色疣粒相連生長，構成獨特外型。

Hernandezii

Mammillaria hernandezii
綠色球狀仙人掌，表面長滿棘刺，宛如開滿白花。要避免蛞蝓傷害花。

Perezdelarosae

Mammillaria perezdelarosae
覆蓋著白毛，長出修長茶色棘刺。夏季移往涼爽場所，避免暑熱與悶熱。

Matudae

Mammillaria matudae
體質強健，容易栽培的圓筒狀仙人掌。開冠狀粉紅色花。

滿月

Mammillaria candida f. *rosea*
低矮球狀仙人掌，喜愛日照，冬季需擺在感覺乾燥的場所，避免氣溫低於0℃。

明星

Mammillaria schiedeana
長滿鮮黃色綿毛狀棘刺而格外耀眼。由綿毛之間開出乳白色花。

夕霧

Mammillaria microhelia
球體細長，表面覆蓋著纖細白毛。開可愛黃色小花。紅花種名稱為朝霧。

Luethyi

Mammillaria luethyi
開漂亮大朵粉紅色花。1990年再發現的小型種超人氣仙人掌。

六角柱屬
龍神柱屬

Cereus
Myrtillocactus

Data

仙人掌科	墨西哥·中南美等
夏型種	主根+細根類型
難易度	★容易 （部分難度稍高）

金獅子
Cereus variabilis f. *monstrosa*
長著褐色棘刺，開白色小花。生長點較
多而「獅子化」的仙人掌。

Spiralis
Cereus forbesii cv. *spiralis*
由生長點開始轉變成螺旋狀，漩渦似地一
邊旋轉，一邊生長，外型獨特的仙人掌。

特徵 & 栽培訣竅

　　自生於墨西哥、南美、中美等
地區的族群，兩種都是容易栽培長
大的柱狀仙人掌。因獨特外型而廣
受喜愛。體質強健，非常容易栽
培，打造良好環境就會健康地生
長。相較於六角柱屬，龍神柱屬耐
寒能力稍弱。生長迅速，每年適期
需進行移植改種。修剪受損根部與
老根，即可大大地促進根部生長。

殘雪之峰
Cereus spegazzinii f. *cristatus*
連結稱為殘雪的仙人掌生長點後綴化，
可欣賞獨特的風貌。

龍神木
Myrtillocactus geometrizans
色澤藍綠的粗大柱狀仙人掌，春季開白
花。分枝後長成大株。

六角柱屬 · 龍神柱屬栽培行事曆　夏型種

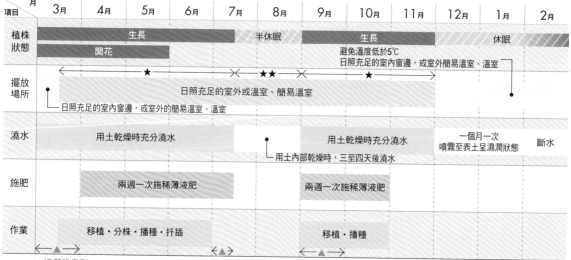

項目	3月	4月	5月	6月	7月	8月	9月	10月	11月	12月	1月	2月
植株狀態	生長					半休眠	生長				休眠	
	開花						避免溫度低於5℃ 日照充足的室內窗邊，或室外簡易溫室、溫室					
擺放場所	★				★★			★				
	日照充足的室外或溫室、簡易溫室											
	日照充足的室內窗邊，或室外的簡易溫室、溫室											
澆水	用土乾燥時充分澆水						用土乾燥時充分澆水			一個月一次 噴霧至表土呈濕潤狀態		斷水
						用土內部乾燥時，三至四天後澆水						
施肥		兩週一次施稀薄液肥					兩週一次施稀薄液肥					
作業		移植·分株·播種·扦插					移植·播種					

▲ 噴灑殺蟲劑。　　　★覆蓋白色寒冷紗　★★覆蓋黑色寒冷紗　※以日本關東地區平地為基準。視栽培環境而定，實際範圍更廣。

三至五月、九至二月日間確實提升溫度　喜愛25至40℃左右溫度。
六至八月促進通風。　※仙人掌形成晝夜溫差即可（例）夜間15℃·日間35℃。

敦丘掌屬
灰球掌屬

Cumulopuntia
Tephrocactus

Data

仙人掌科	南美等
夏型種	細根類型
難易度	★容易 （部分難度稍高）

Ferocior（敦丘掌屬）

Cumulopuntia ferocior
根部肥大後長成芋薯狀的塊根性仙人
掌。由節點切下即可繁殖。

Pentlandii rossianus

Tephrocactus pentlandii var. *rossianus*
地下形成塊根，地上橫向蔓延生長似地
長成小顆粒芋薯狀。

特徵＆栽培訣竅

　　自生於南美阿根廷高山上布滿
岩石的地帶，與自生於平地沙漠的
仙人掌截然不同。耐寒能力相當
強，討厭悶熱。體質強健，梅雨季
節至夏季期間促進通風，就很容易
栽培。促進通風，照射強光，一年
到頭皆可栽培。灰球掌屬完全乾燥
時，根部易損傷，冬季休眠期需時
常澆水。

Alexanderi

Tephrocactus alexanderi
自生於布滿岩石的乾燥場所。夏季悶熱
需留意。

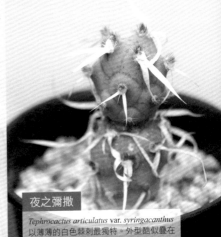

夜之彌撒

Tephrocactus articulatus var. *syringacanthus*
以薄薄的白色棘刺最獨特。外型酷似疊在
一起的丸子，由節點就能輕易地切開。

敦丘掌屬・灰球掌屬栽培行事曆　夏型種

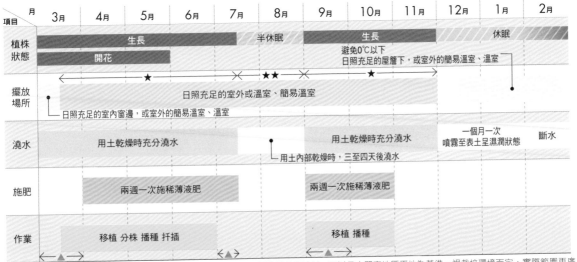

項目＼月	3月	4月	5月	6月	7月	8月	9月	10月	11月	12月	1月	2月
植株狀態	生長					半休眠	生長				休眠	
	開花						避免0℃以下 日照充足的屋簷下，或室外的簡易溫室、溫室					
擺放場所		★			★★		★			一個月一次 噴霧至表土呈濕潤狀態		斷水
	日照充足的室外或溫室、簡易溫室											
	日照充足的室內窗邊，或室外的簡易溫室、溫室											
澆水	用土乾燥時充分澆水						用土乾燥時充分澆水					
						用土內部乾燥時，三至四天後澆水						
施肥		兩週一次施稀薄液肥					兩週一次施稀薄液肥					
作業		移植 分株 播種 扦插					移植 播種					

▲噴灑殺蟲劑。　　　　★覆蓋白色寒冷紗　　★★覆蓋黑色寒冷紗　※以日本關東地區平地為基準。視栽培環境而定，實際範圍更廣。

三至五月、九至二月日間確實提升溫度　喜愛25至40℃左右溫度。
六至八月促進通風。　※仙人掌形成晝夜溫差即可（例）夜間15℃・日間35℃。

錦繡玉屬
花座球屬

Parodia
Melocactus

Data

仙人掌科	中南美等
夏型種	細根類型
難易度	★容易
	（部分難度稍高）

金晃丸
Parodia leninghausii
圓柱狀仙人掌，可長高至1m左右。長出子株後群聚生長。體質強健，容易栽培。

錦繡玉
Parodia microsperma ssp. aureispina
長著鉤狀棘刺，開漂亮黃色花。體質強健，容易栽培。

特徵 & 栽培訣竅

　　兩種皆自生於中南美等地區，體質強健，容易栽培，自古廣受歡迎，非常適合初學者栽培的種類。兩者都耐寒能力弱，不耐悶熱，夏季需移往屋簷下等可避雨的場所。錦繡玉屬的耐寒、耐暑能力都強，但不耐悶熱。花座球屬自生於溫差較小的氣候，因此耐寒能力非常弱。長出花座後，下部易長介殼蟲，需留意。

白閃小町
Parodia rudibuenekeri
纖細白色棘刺呈放射狀。耐寒、耐暑能力皆強。冬季需減少澆水。

Lobelii
Melocactus curvispinus ssp. *lobelii*
長出狀似土耳其帽的花座後，球體不再生長，只有花座生長。自體授粉亦可繁殖。

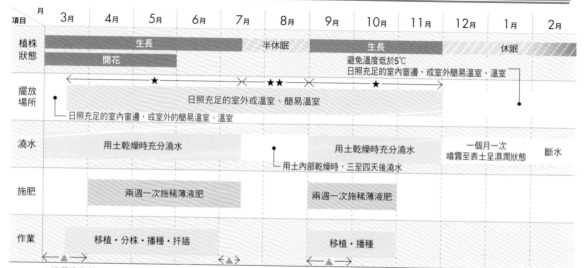

錦繡玉屬·花座球屬栽培行事曆　夏型種

項目	3月	4月	5月	6月	7月	8月	9月	10月	11月	12月	1月	2月
植株狀態	生長					半休眠		生長			休眠	
	開花							避免溫度低於5℃				
								日照充足的室內窗邊，或室外簡易溫室、溫室				
擺放場所			★			★★		★				
	日照充足的室外或溫室、簡易溫室											
	日照充足的室內窗邊，或室外的簡易溫室、溫室											
澆水	用土乾燥時充分澆水						用土乾燥時充分澆水			一個月一次噴霧至表土呈濕潤狀態		斷水
						用土內部乾燥時，三至四天後澆水						
施肥		兩週一次施稀薄液肥					兩週一次施稀薄液肥					
作業		移植·分株·播種·扦插					移植·播種					

▲噴灑殺蟲劑。　　★覆蓋白色寒冷紗　★★覆蓋黑色寒冷紗　※以日本關東地區平地為基準。視栽培環境而定，實際範圍更廣。

三至五月、九至二月日間確實提升溫度　喜愛25至40℃左右溫度。
六至八月促進通風。　※仙人掌形成晝夜溫差即可（例）夜間15℃·日間35℃。

土童屬
絲葦屬

Frailea
Rhipsalis

Data

仙人掌科　中南美等	
夏型種　粗根類型・細根類型	
難易度　★★難度稍高	

紫雲丸
Frailea grahliana
表皮為紫色與深綠色兩種顏色，周圍長滿子株。生長快速。

土童
Frailea castanea
狀似南瓜的人氣種仙人掌。不耐悶熱，夏季減少澆水。冬季休眠期也必須減少澆水。

特徵＆栽培訣竅

　　土童屬自生地以南美為主，小型種仙人掌，自家授粉，形成種子，成熟後掉落，自然發芽。根部形成塊根，太潮濕時易罹患根腐病，需留意。不耐強光照射，需擺在半遮蔭或遮光場所。絲葦屬附生於熱帶雨林樹木的樹幹或岩石上。比其他種類仙人掌更適合弱光栽培，不耐直射陽光。植株長大後，春季開白色、黃色花。根部不耐悶熱，太潮濕時易引發根腐病，因此用土乾燥時才澆水。

Mammifera
Frailea mammifera
喜愛柔和光線。大量長出子株後群聚生長。自家授粉後結果，實生亦可繁殖。

青柳
Rhipsalis cereuscula
草株宛如許多綠色小顆粒串連而成，一邊分枝一邊蔓延生長。太潮濕時易罹患根腐病。

土童屬・絲葦屬栽培行事曆　夏型種

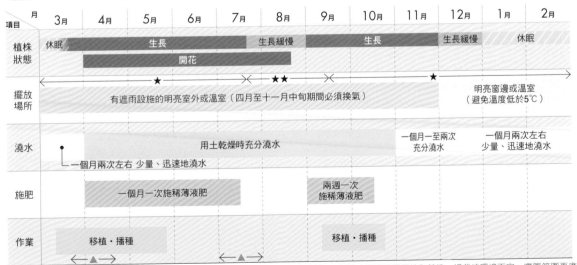

月 項目	3月	4月	5月	6月	7月	8月	9月	10月	11月	12月	1月	2月
植株狀態	休眠	生長				生長緩慢	生長			生長緩慢		休眠
		開花										
擺放場所	★				★★				★	明亮窗邊或溫室 （避免溫度低於5℃）		
	有遮雨設施的明亮室外或溫室（四月至十一月中旬期間必須換氣）											
澆水	用土乾燥時充分澆水							一個月一至兩次 充分澆水		一個月兩次左右 少量、迅速地澆水		
	一個月兩次左右 少量、迅速地澆水											
施肥		一個月一次施稀薄液肥					兩週一次 施稀薄液肥					
作業		移植・播種					移植・播種					

▲噴灑殺蟲劑。　　　　★覆蓋白色寒冷紗　★★覆蓋黑色寒冷紗　※以日本關東地區平地為基準。視栽培環境而定，實際範圍更廣。

三至五月、九至二月日間確實提升溫度　喜愛25至40℃左右溫度。
六至八月促進通風。　※仙人掌形成晝夜溫差即可（例）夜間15℃・日間35℃。

龍舌蘭屬
Agave

Data

天門冬科	中南美
夏型種	粗根類型
難易度	★容易
	（部分難度稍高）

特徵&栽培訣竅

　　廣泛自生於中南美，種類多達200餘種。體質強健，容易栽培品種非常多。生長於乾燥地區的種類也不少，具耐寒性種類適合日本關東以西地區的庭園栽種。

　　討厭悶熱，夏季時，擺在通風良好的場所。春季至秋季需擺在通風良好、有遮雨設施的全日照場所。冬季接觸到霜易損傷，建議擺在屋簷下或簡易溫室等比較溫暖的場所。耐寒性差異因種類而不同，溫度低於5℃時需留意。日照不足時，無法呈現漂亮葉色。

黃覆輪笹之雪
Agave victoriae-reginae f. *variegata*
分布著黃覆輪的笹之雪選拔種。耐暑、耐寒能力皆強。梅雨時期需避免太潮濕。

王妃甲蟹
Agave isthmensis
葉緣長著明亮茶色棘刺，葉連結成帶狀。*Isthmensis*的選拔種。

王妃甲蟹錦
Agave isthmensis f.*variegata*
王妃甲蟹的覆輪種。冬季需擺在5℃以上場所管理，夏季擺在光線稍微柔和一點的場所即可。

笹之雪
Agave victoriae-reginae
體質強健，外型亮麗的人氣種。葉上白色斑紋越鮮豔越受歡迎。

龍舌蘭栽培行事曆　夏型種

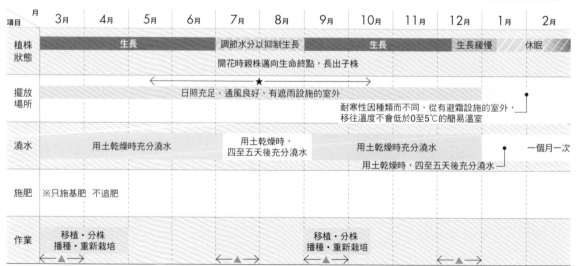

項目 \ 月	3月	4月	5月	6月	7月	8月	9月	10月	11月	12月	1月	2月
植株狀態	生長				調節水分以抑制生長			生長		生長緩慢		休眠
			開花時親株邁向生命終點，長出子株									
擺放場所		←		日照充足、通風良好、有遮雨設施的室外 ★				→				
							耐寒性因種類而不同，從有避霜設施的室外，移往溫度不會低於0至5℃的簡易溫室					
澆水		用土乾燥時充分澆水			用土乾燥時，四至五天後充分澆水			用土乾燥時充分澆水		用土乾燥時，四至五天後充分澆水	一個月一次	
施肥	※只施基肥　不追肥											
作業	移植・分株 播種・重新栽培						移植・分株 播種・重新栽培					

▲噴灑殺蟲劑。　　　　　★覆蓋白色寒冷紗　　※以日本關東地區平地為基準。視栽培環境而定，實際範圍更廣。

白線王妃笹之雪錦

Agave filifera f. *variegata*
特徵為乳白色外斑與纖細白線。體質強健，耐暑能力強。冬季寒冷需留意。

新雪山（洛基白山）

Agave victoriae-reginae f. *variegata*
因乳白色外斑而得名。夏季天氣太熱時，乳白色部分轉變成茶色。

龍爪

Agave pygmaea 'Dragon Toes'
大型種，葉形漂亮。葉緣芒刺會轉變成茶色。*Pygmaea*的選拔個體。耐寒能力較強。

Truncata

Agave parryi var. *truncata*
藍瓷色簇生型葉最美。耐暑、耐寒能力皆強。體質強健，容易栽培的大型種。

Verschaffeltii錦

Agave potatorum var. *verschaffeltii* f. *variegata*
斑葉最富魅力。夏季擺在日照柔和的場所管理，即可避免出現葉斑。冬季需防寒。

鳳凰

Agave potatorum f. *variegata*
喜愛柔和日照。冬季耐寒能力特別弱。葉受損時易形成斑點。

Uthaensis

Agave uthaensis
棘刺短，帶藍色葉最美。龍舌蘭中耐暑、耐寒能力都很強的種類。

Eborispina

Agave utahensis var. *eborispina*
長著修長白色棘刺，耐寒、耐暑能力比較強，但耐夏季悶熱能力弱，減少澆水，悉心管理。

Point

長出子株後進行分株

龍舌蘭的親株栽培長大後，通常周圍都會長出子株，分株即可繁殖。

1 分株適期為初春或初秋。夏季與冬季進行分株，子株易損傷而枯萎。

2 由親株分出後，種入栽培盆裡，分株時盡量留下根部與莖部，切斷面越小越好。

松塔掌屬 厚舌草屬

Astroloba Gasteria

Data

阿福花科　南非
夏型種（接近春秋型種）粗根類型
難易度 ★容易
　　　（部分難度稍高）

特徵＆栽培訣竅

　　兩種皆為肉片厚實，可大量儲存水分的牛蒡根簇生型多肉植物。根部由葉片基部長出，每年少量陸續更新。適合一年到頭擺在濕度30至60%，通風良好的室外栽培。春季與秋季溫差較大時期，用土乾燥時充分澆水，盛夏於早晚較涼爽時段充分澆水。松塔掌屬無論外型或生長類型，都近似十二卷屬多肉植物。厚舌草屬擺在強烈日照場所也能健康成長。

Dodosoniana
Astroloba dodsoniana
喜愛柔和光線，生長期需充分澆水。休眠期減少澆水，悉心管理。

臥牛 Kirara
Gasteria armstrongii 'Kirara'
草姿端正姣好，厚重感十足的大型種多肉植物。白色斑點漂亮，廣受歡迎。

恐龍錦
Gasteria pillansii hyb. f. *variegata*
恐龍與*Pillansii*錦交配種。稍微柔化光線，葉色更漂亮，植株更健康地生長。

松塔掌屬・厚舌草屬栽培行事曆　夏型種（接近春秋型種）

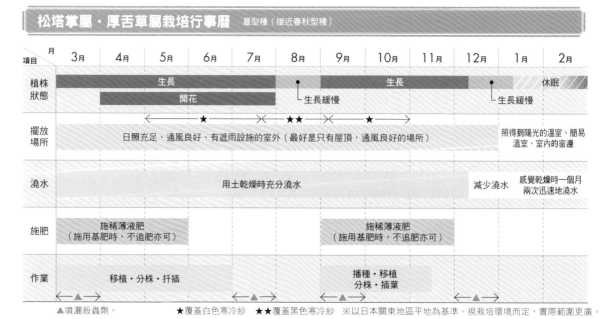

月 項目	3月	4月	5月	6月	7月	8月	9月	10月	11月	12月	1月	2月
植株狀態	生長					生長緩慢	生長			生長緩慢		休眠
		開花										
擺放場所	日照充足、通風良好、有遮雨設施的室外（最好是只有屋頂，通風良好的場所）					★★		★		照得到陽光的溫室、簡易溫室、室內的窗邊		
澆水	用土乾燥時充分澆水									減少澆水	感覺乾燥時一個月兩次迅速地澆水	
施肥	施稀薄液肥（施用基肥時，不追肥亦可）						施稀薄液肥（施用基肥時，不追肥亦可）					
作業	移植・分株・扦插					播種・移植分株・插葉						

▲噴灑殺蟲劑。　　★覆蓋白色寒冷紗　★★覆蓋黑色寒冷紗　※以日本關東地區平地為基準。視栽培環境而定，實際範圍更廣。

恐龍臥牛

Gasteria pillansii 'Kyoryu'
*Pillansii*的選拔種，葉展開成軍配形（將軍指揮扇）。缺乏水分時，葉片變薄。喜愛強光。

小龜姬

Gasteria bicolor var. *liliputana*
以表面分布著纖細葉斑，葉片成幾何形展開為最大特徵。小型種，子株群聚生長，體質強健，容易栽培。

子寶錦

Gasteria gracilis var. *minima* f. *variegata*
小型種，體質強健的人氣種，斑葉分布存在個體差異。子株即可輕易地繁殖。

Pillansii錦

Gasteria pillansii f. *variegata*
一年四季都擺在日照充足與通風良好的場所，春季至秋季乾燥時澆水，葉翻轉後長大。

黑春鶯囀

Gasteria batesiana
以葉表布滿略帶黑色的小顆粒狀葉斑為最大特徵。喜愛微弱光線。

Point

從親株取下子株
移種栽培即可繁殖

　厚舌草屬親株栽培長大後，周圍就會長出子株。子株長出3片葉後，分株種入另一個盆裡即可繁殖。

　繁殖適期為生長期，休眠期與生長緩慢時期植株易損傷，不適合進行作業。

1

親株側面長出子株，直接栽培可能長到爆盆，因此需進行分株。

2

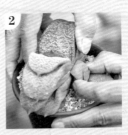

由側面捏住植株下方，輕輕地拉開，即可取下子株。取下子株後，種入另一個栽培盆。

蘆薈屬
Aloe

Data

阿福花科
南非・馬達加斯加島等
夏型種（部分春秋型種）粗根類型
難易度 ★容易

Erinacea
Aloe melanacantha var. *erinacea*
以修長的棘刺為特徵，生長緩慢。耐寒能力
強，不耐悶熱。夏季需以乾燥感覺管理。

木立蘆薈
Aloe boiteani
自古存在的斑葉種木本蘆薈。體質強健，
容易栽培。溫帶地區適合室外栽培。

特徵＆栽培訣竅

自生地以南非、馬達加斯加島為中心，蘆薈種類多達500餘種。大多體質強健，容易栽培，從5cm左右的小型種，到可栽培成10m大樹的品種，種類豐富多元，具耐寒性種類，日本關東以西的庭園都適合栽種。高山性種在夏季尤其喜愛通風良好的場所。擺在通風良好、有遮雨設施的全日照場所，就能健康地生長。日照不充足易徒長。冬季接到觸霜易損傷，需擺在屋簷下或簡易溫室，確實作好保護措施。

Cipolinicola
Aloe capitata var. *cipolinicola*
*Capitata*的變種，葉稍微生長就呈現出木
本特徵，下葉會漸漸枯萎。

Quartziticola
Aloe capitata var. *quartziticola*
鮮綠葉片長著橘色棘刺。邁入秋季後，棘
刺呈現紅葉狀態。於春季與秋季生長。

蘆薈屬栽培行事曆　夏型種（部分春秋型種）

項目	3月	4月	5月	6月	7月	8月	9月	10月	11月	12月	1月	2月
植株狀態	生長						生長		生長緩慢		休眠	
	生長或半休眠（高山性品種強制性休眠）								開花			
擺放場所	日照充足、通風良好的室外（長期下雨需避免淋雨）（高山性品種避免淋雨）（可淋雨品種也不少） ★ ★★ ★											
						溫室、簡易溫室、室內窗邊（另有可耐室外環境的品種）						
澆水	用土乾燥時充分澆水						用土乾燥時充分澆水					
	用土乾燥時充分澆水，不耐悶熱品種感覺乾燥時澆水						感覺乾燥時澆水，耐寒性強品種澆水，耐寒性弱品種斷水					
施肥	施稀薄液肥（施用基肥時，不追肥亦可）						施稀薄液肥（施用基肥時，不追肥亦可）					
作業	播種・移植 分株・截剪・扦插						移植・分株 截剪・扦插					

▲噴灑殺蟲劑。　　★覆蓋白色寒冷紗　★★覆蓋黑色寒冷紗　※以日本關東地區平地為基準。視栽培環境而定，實際範圍更廣。

聖誕卡蘿

Aloe 'Christmas Carol'
帶紅色的優美紫色葉，一到了秋季，整片葉轉變成大紅色。廣受喜愛的交配種。

索贊蘆薈

Aloe suzannae
馬達加斯加產，葉可長達到1m以上的罕見珍貴品種。耐寒能力弱，不易扎根存活。

喜岩蘆薈

Aloe suprafoliata
葉片對生，葉形漂亮的人氣蘆薈。日照充足、通風良好才會成長茁壯。

千代田錦

Aloe variegata
葉分布著漂亮條紋葉斑。自古存在的卓越品種，植株不太容易長大。

二歧蘆薈

Aloe dichotoma
由一根主莖陸續長出葉片。長成老株可高達10m以上，建議趁幼株時期栽培成叢生狀。

Boylei

Aloe boylei
根部的基部膨脹後形成球莖的草本類蘆薈。開橘色花。

螺旋蘆薈

Aloe polyphylla
高山性種蘆薈，喜愛通風良好與日照充足的環境。避免吹到北風與接觸到霜，一年四季都可室外栽培。

Ramosissima

Aloe dichotoma ssp. *ramosissima*
易長側枝，細葉深具魅力。容易長成木本，姿態姣好不亂長的種類。

Point

下葉受損時
應及早摘除

下葉因悶熱而受損時若置之不理，易積存水分而傷及植株，或成為病蟲害的溫床，建議輕輕地剝下後摘除。輕輕地摘除以避免傷及裡側莖部。

受損後轉變成茶色的下葉。橫向扭轉後剝下，就能乾淨俐落地摘除下葉。

哨兵花屬
香果石蒜屬
叢尾草屬

Albuca
Gethyllis
Trachyandra

寬葉彈簧草
Albuca concordiana
擺在室外充分地照射陽光，葉片才會呈現捲曲狀態。擺在室內時，轉瞬間葉片就下垂。

鋼絲彈簧草
Albuca spiralis
以捲曲葉最富人氣。栽培時照射陽光，葉片才會呈現捲曲狀態。

蚊香彈簧草
Gethyllis linearis
以縱向捲曲的葉最迷人。擺在室外，充分地照射陽光，葉片才會呈現捲曲狀態。

海帶彈簧草
Trachyandra tortilis
捲曲成波浪狀，長達10至20cm的超人氣品種。擺在室外的屋簷下栽培，避免根部太乾燥。

Data
天門冬科・石蒜科・阿福花科	南非等
冬型種	細根類型
難易度	★★難度稍高

特徵＆栽培訣竅

自生南非等地區，以形狀奇特，呈現捲曲狀態的葉最富人氣。寒冷時期迎接生長期到來的球根植物，秋季長出葉片後開始澆水。擺在通風不良、無法充分日照的場所時，容易突然顯得垂頭喪氣，葉不再捲曲。耐寒度可達到3至5℃。休眠期地上部分消失，只剩地下球根。不喜悶熱，夏季需擺在通風良好的半遮蔭場所，減少澆水，悉心管理。

哨兵花屬・香果石蒜屬・叢尾草屬栽培行事曆 冬型種

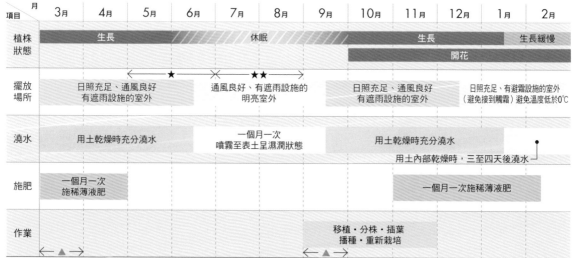

月 項目	3月	4月	5月	6月	7月	8月	9月	10月	11月	12月	1月	2月
植株狀態	生長				休眠				生長			生長緩慢
								開花				
擺放場所	日照充足、通風良好 有遮雨設施的室外			通風良好、有遮雨設施的 明亮室外			日照充足、通風良好 有遮雨設施的室外			日照充足、有避霜設施的室外 （避免接到觸霜）避免溫度低於0℃		
			←→★	←→★★								
澆水	用土乾燥時充分澆水			一個月一次 噴霧至表土呈濕潤狀態			用土乾燥時充分澆水			用土內部乾燥時，三至四天後澆水		
施肥	一個月一次 施稀薄液肥							一個月一次施稀薄液肥				
作業					移植・分株・插葉 播種・重新栽培							

▲噴灑殺蟲劑。　★覆蓋白色寒冷紗　★★覆蓋黑色寒冷紗　※以日本關東地區平地為基準。視栽培環境而定，實際範圍更廣。

虎眼萬年青屬 麟芹屬

Ornithogalum
Bulbine

Data

天門冬科・阿福花科　南非等

冬型種　細根類型

難易度　★★難度稍高

特徵＆栽培訣竅

　　自生於南非等地區，以外型獨特的細葉與圓葉最富人氣。兩種皆是地下形成球根與塊根，秋季長出葉子後開始澆水。需擺在日照充足與通風良好的場所。秋季至春季的生長期喜愛水分，需於完全乾燥前澆水。冬季避免接到觸霜與北風。夏季休眠期太悶熱可能枯死，因此建議擺在通風良好的半遮蔭場所，減少水分，悉心管理。近年來，Ornithogalum multifolium已歸類為哨兵花屬。

Multifolium
Ornithogalum multifolium
秋季長出細長葉的球根植物，休眠期停止澆水，擺在通風良好的棚架下方等場所。

Unifolium
Ornithogalum unifolium
草姿獨特，只長一片碩大豐厚的圓柱狀葉。地下形成球根。

Margarethae
Bulbine margarethae
葉纖細，分布著網目狀葉斑，地下形成粗壯塊根。休眠期需擺在半遮蔭場所，減少澆水。

Mesembryanthemoides
Bulbine mesembryanthemoides
秋季長出具透明感的卵形葉，抽出細長花莖。葉膨脹後開始澆水。

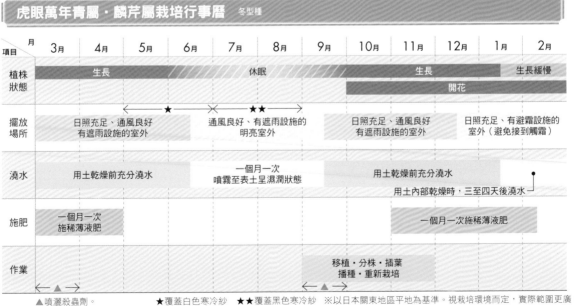

虎眼萬年青屬・麟芹屬栽培行事曆　冬型種

月 項目	3月	4月	5月	6月	7月	8月	9月	10月	11月	12月	1月	2月
植株狀態	生長			休眠					生長		生長緩慢	
								開花				
擺放場所	日照充足、通風良好有遮雨設施的室外 ★→			×→ ★★→ 通風良好、有遮雨設施的明亮室外				日照充足、通風良好有遮雨設施的室外		日照充足、有避霜設施的室外（避免接到觸霜）		
澆水	用土乾燥前充分澆水				一個月一次噴霧至表土呈濕潤狀態			用土乾燥前充分澆水 用土內部乾燥時，三至四天後澆水→				
施肥	一個月一次施稀薄液肥								一個月一次施稀薄液肥			
作業					移植・分株・插葉播種・重新栽培							

▲噴灑殺蟲劑。　　　★覆蓋白色寒冷紗　★★覆蓋黑色寒冷紗　※以日本關東地區平地為基準。視栽培環境而定，實際範圍更廣。

虎尾蘭屬
Sansevieria

Data
天門冬科	非洲等
夏型種	粗根類型
難易度	★容易

香蕉虎尾蘭
Sansevieria ehrenbergii
酷似*Blue Banana*的厚葉，以紅色滾邊最美。體質較強健，冬季需斷水。

Scimitariformis
Sansevieria scimitariformis
葉緣為紅色，分布著銀色葉斑。生長緩慢，長出硬質葉，植株茂盛生長。

特徵 & 栽培訣竅

自生地以非洲為中心，廣受喜愛的大型種觀葉植物。當作多肉植物栽培的是，顏色或形狀漂亮的小型種，生長期為春至秋季。生長期可擺在室外管理，但不耐盛夏強烈日照。需擺在明亮半遮蔭，或以寒冷紗形成柔和光線的場所，用土乾燥時充分澆水。不喜悶熱，需擺在通風良好場所。耐寒能力較弱，寒冬時期氣溫低於15℃時，需移往窗邊或溫室，寒冬需斷水。

Lavranos錦
Sansevieria SP. lawanos23251 f.variegata
葉分布著明亮黃綠色掃斑，滾上紅邊。喜愛日照，冬季需確實作好保護措施。

Rorida
Sansevieria rorida
原產於索馬利亞，生長緩慢，葉背有橫向條紋的厚實葉片展開成扇形。休眠期需減少澆水。

虎尾蘭屬栽培行事曆　夏型種

項目＼月	3月	4月	5月	6月	7月	8月	9月	10月	11月	12月	1月	2月
植株狀態	休眠		生長						生長緩慢	休眠		
		開花										
擺放場所	照得到陽光的窗邊			通風良好的明亮半遮蔭 有遮雨設施的室外					因種類而不同，避免氣溫低於5至10℃ 照得到陽光的窗邊			
澆水	斷水 三月中旬以後出現長葉徵兆，氣溫穩定時，開始少量澆水		用土完全乾燥時充分澆水						減少澆水	慢慢地減少澆水 氣溫低於10℃斷水		
施肥			一個月一次施稀薄液肥									
作業		移植・修剪										

▲噴灑殺蟲劑。

※以日本關東地區平地為基準。視栽培環境而定，實際範圍更廣。

銀樺百合屬
納金花屬

Drimia
Lachenalia

毛羽玉
Drimia platyphylla
Platyphylla中葉片表面長滿白色細毛的類型。

Haworthioides
Drimia haworthioides
像開花般展開的葉最富魅力。夏季休眠期必須斷水，球根連同盆器一起移往涼爽場所管理。

毛羽玉（銀樺百合屬）
Drimia platyphylla
秋季進入生長期，長出可愛圓葉。夏季休眠期需斷水，移往涼爽場所。

毛葉立金花
Lachenalia trichophylla
長出一片圓葉，由葉片基部抽出纖細花莖後開花。喜愛柔和光線。

Data

天門冬科	南非、納米比亞等
冬型種	細根類型
難易度	★★難度稍高

特徵＆栽培訣竅

　　自生於南非等地區的球根植物。因圓葉與細長葉而深受喜愛。秋季天氣轉涼後長出葉片即可慢慢地開始澆水。擺在日照充足、通風良好的場所栽培，春季至秋季生長期喜愛水分，乾燥前需澆水。若完全乾燥，植株易損傷。冬季要避免接到觸霜與北風。休眠期地上部分消失，不喜悶熱，因此夏季需擺在通風良好的半遮蔭場所，減少澆水，悉心管理。

銀樺百合屬・納金花屬栽培行事曆　冬型種

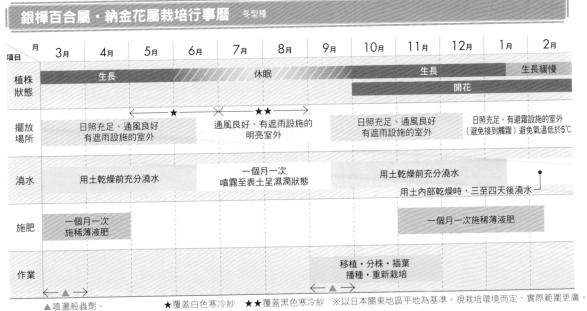

項目	月	3月	4月	5月	6月	7月	8月	9月	10月	11月	12月	1月	2月
植株狀態		生長			休眠				生長			生長緩慢	
									開花				
擺放場所		日照充足、通風良好有遮雨設施的室外			★ 通風良好、有遮雨設施的 ★★ 明亮室外				日照充足、通風良好有遮雨設施的室外			日照充足、有避霜設施的室外（避免接到觸霜）避免氣溫低於5℃	
澆水		用土乾燥前充分澆水			一個月一次噴霧至表土呈濕潤狀態				用土乾燥前充分澆水 用土內部乾燥時，三至四天後澆水				
施肥		一個月一次施稀薄液肥							一個月一次施稀薄液肥				
作業							移植・分株・插葉播種・重新栽培						

▲噴灑殺蟲劑。　　　　★覆蓋白色寒冷紗　★★覆蓋黑色寒冷紗　※以日本關東地區平地為基準。視栽培環境而定，實際範圍更廣。

十二卷屬
Haworthia

> **Data**
> | | |
> |---|---|
> | 阿福花科 | 南非 |
> | 春秋型種 | 粗根類型 |
> | 難易度 | ★容易 |
> | | （部分難度稍高） |

姬玉露
Haworthia cooperi var. *truncata*
Obtusa為*Cooperi truncata*的暱稱。小型種，以透明窗最美。

巨牡丹
Haworthia arachnoidea var. *gigas*
葉較薄，呈薔絲狀，密集生長，直徑可達到10cm。易罹患介殼蟲。

特徵&栽培訣竅

只自生於南非。葉形豐富多元，可分為葉尾有「窗」類型與硬葉類型。擺在通風良好、濕度適中的場所，一年四季都可室外栽培。適合於30至60％遮光下栽培。生長期乾燥時充分澆水，盛夏早晚較涼爽時段迅速澆水。於日本關東以西平地溫暖地區栽種時，冬季避免凍結，擺在簡易溫室即可過冬。近年來，擺在窗邊，照射LED燈的栽培方式也很盛行。

玉扇
Haworthia truncate
葉片長成扇形，外型獨特而受歡迎。葉尾的窗呈鏡片狀態。

Harlem Nocturne
Haworthia hybrida
Chocolate vanilla × *Ice Candy*。具光澤感的白雲系窗，非常漂亮的交配種。

十二卷屬栽培行事曆 春秋型種

項目 \ 月	3月	4月	5月	6月	7月	8月	9月	10月	11月	12月	1月	2月
植株狀態	生長					半休眠		生長			半休眠	
	開花							開花				
擺放場所	★ 日照充足、通風良好 有遮雨設施的室外			★★ 通風良好、有遮雨設施的 明亮室外			日照充足、通風良好 有遮雨設施的室外			★ 日照充足、有避霜設施的室外 （避免受到觸霜）打造不會冰凍的環境		
澆水	用土乾燥時充分澆水				用土內部乾燥時，三至四天後澆水			用土乾燥時充分澆水		用土內部乾燥時，三至四天後澆水		
施肥	一個月一次 施稀薄液肥						一個月一次 施稀薄液肥					
作業	栽種・移植・分株 插葉・重新栽培・播種						栽種・移植・分株 插葉・重新栽培・播種					

▲噴灑殺蟲劑。　★覆蓋白色寒冷紗　★★覆蓋黑色寒冷紗　※以日本關東地區平地為基準。視栽培環境而定，實際範圍更廣。

金城
Haworthia margaritifera f. *variegata*
自古栽培，體質強健，容易栽培的硬葉系。葉分布著黃斑，另有葉斑分布狀態不同的種類。

Green Iguana
Haworthia 'Green Iguana'
以具光澤感的大窗，狀似義式冰淇淋紋路的葉斑最具特徵。*Marilyn × Ice Candy*的交配種。

黑水晶
Haworthia 'Kurosuishou'
具透明感的黑色葉，碩大的窗。由交配種選拔的黑色表皮品種。

冰砂糖
Haworthia turgida f. *variegata*
玉綠的斑葉種，葉斑部分較大，生長緩慢，易長出子株。

雪豹
Haworthia 'Snow Leopard'
葉表分布著玻璃質顆粒，葉背有圓形窗的交配種。表面閃閃發光的漂亮品種。

Zebra
Haworthia fasciata cv.
硬葉系，素稱*Wide Band*的十二卷屬多肉植物。體質強健，易栽培成大株。

十二卷屬的繁殖方法

必備用品：盆（2.5號）・鹿沼土（中粒）・多肉植物用土・沸石（小粒）・剪刀・土鏟・殺蟲劑（Orutoran DX・粒劑）等・鐵絲　苗：十二卷屬 nigra。

1

從栽培盆拔出苗株，確認根部狀態。長著白色根，即表示健康植株。

2
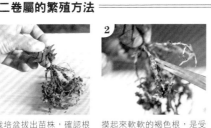
摸起來軟軟的褐色根，是受損的根，以鑷子清理掉。

3

從植株自然分長位置進行分株。傷口乾燥二至三天。

4
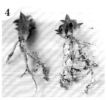
分成兩株後狀態。避免過度分株。栽種時避免折斷根部。

5

加入中粒鹿沼土至距離盆底約2cm處後，接著加入栽培用土。

6

添加殺蟲劑約0.5g後，加入栽培用土。

7

一邊支撐著步驟（4）的苗株，一邊加入栽培用土後，表面鋪滿沸石。

8

避免苗株浮起，葉片之間插入鐵絲。

9

栽種後澆水至盆底流出清澈的水。

萬象
Haworthia truncata var. *maughanii*
俯瞰時的圓形窗最美。討厭悶熱，栽培時促進通風，以免葉呈現化水現象。

紫姬玉露
Haworthia cooperi var. *truncata*
又稱紫色*Truncata、OB1、Dodson obtusa*，紫色葉斑最美。

白帝城
Haworthia 'Hakuteijyo'
體質較強健，生長期傾向喜愛水分。透明粗糙的窗最富人氣。

白斑玉露錦
Haworthia cooperi var. *pilifera* f. *variegata*
白色窗最美，但光線控制稍微困難。喜愛柔和光線。

光之玉露
Haworthia cv.
玉露與雪之花交配種。黃綠色葉，閃耀著漂亮光芒而得名。

Viscosa錦
Haworthia viscosa f. *variegata*
葉片相連長成塔狀的*Viscosa*斑葉種。體質較強健，容易栽培。

Big Mock
Haworthia 'Big Mock'
飽滿的大型窗深具特色，植株可達到10cm以上的大型種多肉植物。

冬之星座
Haworthia papillosa
硬葉系中也廣歡迎的種類。根部脆弱，易因施肥不當而受傷害，栽種時需留意。

Fran dance
Haworthia 'Fran-dance'
玉露的交配種，葉表具透明感，以閃亮的顆粒最耀眼。大型種多肉植物。

Bruynsii hyb × gigas

Haworthia bruynsii hyb × Haworthia arachnoidea var. *gigas*
Bruynsii與Gigas的交配種。株姿漂亮，遺傳交配親種特徵。

星之林

Haworthia reinwardtii var. *archibaldiae*
硬葉系十二卷屬多肉植物。尖峭的深綠色葉，分布著白色斑點而美不勝收。

鏡球

Haworthia 'Mirror Ball'
體質相當強健，繁殖力旺盛。讓人聯想到鏡球。

綠水晶錦

Haworthia 'Midorisuishounishiki'
孕育自黑玉露錦交配種的斑葉種多肉植物。葉斑顏色絕妙。

Miraclepicta A

Haworthia picta 'Miraclepicta A'
夏季減少澆水，悉心管理就健康地生長。植株長成半球狀的多肉植物。

雄姿城錦

Haworthia limifolia var. *schuldtiana* f. *variegata*
硬葉系多肉植物。葉分布著鮮明黃色葉斑，體質強健，容易栽培。

白斑雄姿城

Haworthia limifolia var. *schuldtiana* f. *variegata*
硬葉系的雄姿城，葉分布著漂亮白斑的選拔種。生長緩慢。

Point
大株&貴重株插葉進行備份
以留下珍貴品種

可栽培成大株或比較珍貴的品種，透過插葉繁殖進行備份，是留下珍貴品種絕佳手段之一。將釣魚線套在植株內側後用力拉，切斷植株基部的主莖。訣竅是，大致分成兩部分，避免過度細小。適合於生長初期進行，休眠期與生長緩慢時期植株易損傷，應盡量避免。

1

栽培長大的植株。希望透過繁殖備份珍貴品種時，建議於生長初期分切繁殖。

2

保留外側葉片，將釣魚線套在植株上，用力拉即可切斷植株。

3

切斷後將植株擺在通風良好的場所，切口就會長出新芽。切下的葉片沾上發根促進劑，乾燥後栽種。

大戟屬（夏型種）

Euphorbia

Data

大戟科	
	非洲・馬達加斯加島等
夏型種	細根類型
難易度	★容易
	（部分難度稍高）

特徵&栽培訣竅

　廣泛分布於世界各地的族群，當作多肉植物栽培的是以自生於非洲、馬達加斯加島，外型深具特色種類為主，可大致分成夏型種與冬型種，但夏型種於春季與秋季溫差較大的時期旺盛生長。春季至秋季期間需充分澆水。分布廣，因此還可細分為夏季生長緩慢與夏季依然健康生長的種類。夏季需擺在通風良好場所，避免環境太潮濕。

安波沃本大戟
Euphorbia ambovombensis
以漂亮葉色與粗壯主莖最受喜愛。生長緩慢，基部粗壯後，長成塊根狀。

Inermis（九頭龍）
Euphorbia inermis
擺在日照充足、通風良好的場所管理。冬季避免一直擺在室內，日間最好移到室外接觸寒冷空氣。

晃玉
Euphorbia obesa
以渾圓球狀與獨特斑紋最吸睛，可栽培成圓柱狀。體質強健，容易栽培。雌雄異株。

峨眉山
Euphorbia 'Gabisan'
耐梅雨與夏季悶熱能力弱，太潮濕會立即造成損傷，需留意。避免過度澆水。

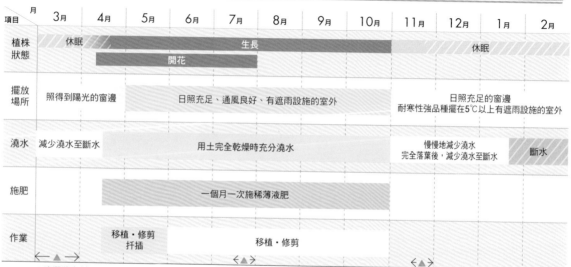

大戟屬栽培行事曆　夏型種

項目	3月	4月	5月	6月	7月	8月	9月	10月	11月	12月	1月	2月
植株狀態	休眠				生長					休眠		
		開花										
擺放場所	照得到陽光的窗邊		日照充足、通風良好、有遮雨設施的室外						日照充足的窗邊 耐寒性強品種擺在5℃以上有遮雨設施的室外			
澆水	減少澆水至斷水		用土完全乾燥時充分澆水						慢慢地減少澆水 完全落葉後，減少澆水至斷水			斷水
施肥			一個月一次施稀薄液肥									
作業		移植・修剪 扦插		移植・修剪								

← ▲ ▲ → 　　　　　　　　　< ▲ >　　　　　　　< ▲ >

▲噴灑殺蟲劑。

※以日本關東地區平地為基準。視栽培環境而定，實際範圍更廣。

Xylophylloides （赫拉珊瑚）

Euphorbia xylophylloides
體質強健，淋雨也無妨，比較容易栽培的多肉植物。日照需充分。喜愛水分。

紅彩閣

Euphorbia enopla
體質強健，最適合入門栽培的大戟科多肉植物。長出新葉時期棘刺會轉變成大紅色。

金輪際

Euphorbia gorgonis
株姿獨特，體質較強健的多肉植物。花散發獨特味道。夏季需遮雨，春季與秋季需促進通風。

神蛇丸

Euphorbia clavarioides var. *truncata*
避免淋雨，需擺在感覺乾燥的場所栽培。斷水、促進通風，就能順利地越夏。

神玉

Euphorbia obesa ssp. *symmetrica*
*Obesa*變種，特徵為形狀扁平，避免栽培成圓柱狀。表面紋路最漂亮。

Susannae （琉璃晃）

Euphorbia susannae
體質強健，容易栽培，周圍長出子株後群聚生長。梅雨等長久下雨時期避免淋雨。

大正麒麟

Euphorbia officinarum ssp. *echinus*
自古栽培，狀似仙人掌的大戟科多肉植物。體質強健，淋雨也會健康生長。

鐵甲丸

Euphorbia bupleurfolia
以覆蓋著鱗片般黑色主莖最具特徵。易因悶熱導致根部腐爛而枯萎，夏季避免太潮濕。

圖拉大戟

Euphorbia tulearensis
布滿龍鱗般枝條。春季至秋季減弱光線，多澆水，夏季擺在乾燥的場所。

玉龜龍

Euphorbia trichadenia
根部膨脹類型。日照不足時，葉與莖部倒伏，需充分日照與促進通風。

旋轉麒麟

Euphorbia tortirama
根部膨脹粗壯。根與葉都儲存水分，葉橫向蔓延生長。

法利達

Euphorbia meloformis ssp. *valida*
特徵為留下花座。雌雄異株。冬季需確實照射陽光。一年四季於通風良好場所栽培。

飛龍

Euphorbia stellate
根部長成芋薯狀，葉展開成獨特形狀，喜愛光線，日照不足時，葉會變細。

費氏大戟

Euphorbia francoisii
喜愛半遮蔭環境與水分。夏季完全斷水。春季與秋季充分澆水。

貝信麒麟

Euphorbia poisonii
體質強健，容易栽培，長成柱狀。春季至秋季亦可採室外栽培。盡量避免修剪主莖。

蓬萊島

Euphorbia decidua
塊根粗大類型，休眠期葉減少，生長期再長葉。

黃斑魁偉玉

Euphorbia horrida f. *variegata*
分布著鮮黃色斑。光線太弱時，斑色模糊。棘刺伸長後尾端開花。

Oncoclada綴化

Euphorbia alluaudii ssp. *oncoclada*
體質強健，但需留意颱風過後的強光等夏季氣候變化。葉片過度重疊生長時易悶熱。

大戟科
（冬型種）
Euphorbia

Data
大戟科
非洲‧馬達加斯加島等
冬型種　細根類型
難易度　★容易
　　　　（部分難度稍高）

Ecklonii（鬼笑）

Euphorbia ecklonii
可欣賞光亮葉片與塊根而富魅力。生長期日照不足、溫差不明顯時易徒長。

特徵&栽培訣竅

　　冬型種大戟科多肉植物，梅雨季節至夏季期間，落葉後進入休眠期。休眠中擺在通風良好的涼爽半遮蔭場所，停止澆水。邁入九月後，秋分前後開始生長。夜間氣溫確實下降後開始澆水。耐寒能力較強，最低溫度維持5℃左右，即可減少傷害，順利過冬。寒冬時節也必須減少澆水。

Point
大戟科多肉植物
切斷枝條後流出白色乳汁

　　花麒麟等體質強健的大戟屬植物，透過扦插即可繁殖。大戟屬植物剪斷枝條就流出白色乳汁，處理成插穗時，必須將乳汁沖洗乾淨，經過乾燥後才進行扦插。直接扦插難存活。

1

生長期以剪刀剪下花麒麟的枝條。剪斷後立即流出白色乳汁。

2

切口大量流出乳汁。乳汁沾到皮膚時易過敏，需留意。

3

將乳汁沖洗乾淨，切口乾燥後，插入栽培用土裡。

大戟屬栽培行事曆　冬型種

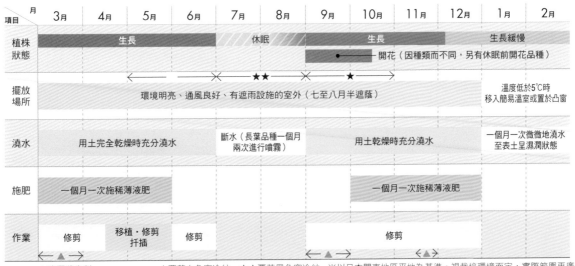

項目＼月	3月	4月	5月	6月	7月	8月	9月	10月	11月	12月	1月	2月
植株狀態	生長				休眠		生長			生長緩慢		
						開花（因種類而不同，另有休眠前開花品種）						
擺放場所	環境明亮、通風良好、有遮雨設施的室外（七至八月半遮蔭）				★★		★			溫度低於5℃時移入簡易溫室或置於凸窗		
澆水	用土完全乾燥時充分澆水				斷水（長葉品種一個月兩次進行噴霧）		用土乾燥時充分澆水			一個月一次微微地澆水至表土呈濕潤狀態		
施肥	一個月一次施稀薄液肥							一個月一次施稀薄液肥				
作業	修剪	移植‧修剪扦插	修剪				修剪					

▲噴灑殺蟲劑。　　　　★覆蓋白色寒冷紗　★★覆蓋黑色寒冷紗　※以日本關東地區平地為基準。視栽培環境而定，實際範圍更廣。

假西番蓮屬
蓋果漆屬
葡萄甕屬
白欖漆屬

Adenia
Operculicarya
Cyphostemma
Pachycormus

Data

| 西番蓮科‧漆樹科‧葡萄科 |
| 非洲‧東南亞‧馬達加斯加島等 |
| 夏型種　　細根類型 |
| 難易度　★★容易 |
| （部分難度稍高） |

特徵&栽培訣竅

　　廣受喜愛的塊根類植物。假西番蓮屬為百香果同類，屬於蔓性植物。主莖粗壯類型適合擺在初春開始就通風良好、日照充足的場所栽培，生長期喜愛水分。不耐強烈直射陽光，蔓藤伸展後可自己保護塊根。蓋果漆屬與白欖漆屬進入休眠期後落葉，但體質相當強健，冬季需斷水，最低溫度維持在5至10℃。

幻蝶蔓

Adenia glauca
日本傳統德利酒壺形，色澤鮮艷的塊根。蔓藤狀枝條伸長後長出葉片。需擺在通風良好場所栽培。

球腺蔓

Adenia globosa
莖部長著棘刺，像蔓藤般伸長。耐寒能力弱，栽培時需避免溫度低於10℃。冬季需斷水。

Point

　　生長期需要水分，但澆水過度時易影響外型。用土乾燥時才需要澆水。接近冬季後開始落葉，需要慢慢地減少澆水，完全斷水易影響生長。除了部分種類之外，一個月一至兩次，迅速地往用土表面澆水。

小塊根植物的澆水訣竅

小植株生長緩慢時期，一個月一至兩次，迅速地、微微地澆水以潤濕用土。

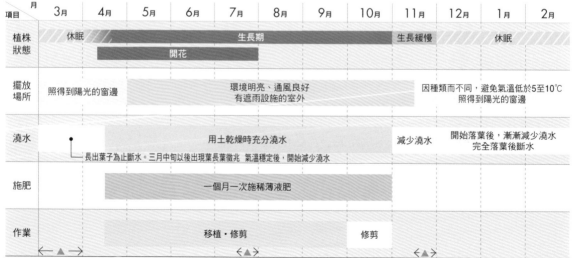

假西番蓮屬‧蓋果漆屬‧葡萄甕屬‧白欖漆屬栽培行事曆　夏型種

項目	3月	4月	5月	6月	7月	8月	9月	10月	11月	12月	1月	2月
植株狀態	休眠		生長期						生長緩慢		休眠	
		開花										
擺放場所	照得到陽光的窗邊			環境明亮、通風良好 有遮雨設施的室外					因種類而不同，避免氣溫低於5至10℃ 照得到陽光的窗邊			
澆水	長出葉子為止斷水。三月中旬以後出現葉長葉徵兆 氣溫穩定後，開始減少澆水		用土乾燥時充分澆水						減少澆水	開始落葉後，漸漸減少澆水 完全落葉後斷水		
施肥			一個月一次施稀薄液肥									
作業			移植‧修剪				修剪					

▲噴灑殺蟲劑。

※以日本關東地區平地為基準。視栽培環境而定，實際範圍更廣。

Ballyi

Adenia ballyi
流通量較小，比較容易栽培，需擺在通風良好的半遮蔭場所。避免溫度低於10℃。

列加氏漆樹

Operculicarya decaryi
主幹長粗壯後，充滿盆栽風情。適度修剪以調整株形。室外栽培時，春季至秋季避免淋雨。

象足漆樹

Operculicarya pachypus
纖細枝條彎曲生長，植株低矮，儲水槽般主幹易長粗壯。根部不易生長。

索馬里葡萄

Cyphostemma betiforme
主幹慢慢地長粗壯的塊根植物。擺在有遮雨設施的場所栽培，株姿更端正優美。

Macropus

Cyphostemma macropus
先開花，後長葉。喜愛強光與水分，但澆太多水時，葉會過度生長。

Discolor（象之木）

Pachycormus discolor
主幹粗壯。幹基粗糙宛如象皮。喜愛通風又有日照的環境。

125

沙漠玫瑰屬
棒槌樹屬
麻瘋樹屬

Adenium
Pachypodium
Jatropha

Data

夾竹桃科・大戟科	
非洲・馬達加斯加島・中南美等	
夏型種	粗根類型
難易度	★容易

特徵 & 栽培訣竅

人氣非常高的塊根植物。一年四季都喜愛日照。初春呈現長葉徵兆後，漸漸地開始澆水。最低溫度高於15℃，即可改成室外栽培。是否需要遮雨，視種類而定。沙漠玫瑰屬等夏季易罹患葉蟎，需留意。溫帶地區栽種時，除了梅雨和秋季長期下雨時期之外，擺在無遮雨設施的環境，成功栽培實例非常多。冬季需移往溫室或室內維護照料。

沙漠玫瑰（阿拉伯種）
Adenium arabicum
主莖橫向生長，越來越粗壯。因盆栽風的株姿而深受喜愛。泰國改良技術越來越進步。

Obesum
Adenium obesum
自生於肯亞等地區，粗壯的主莖顏色，像極了當地的地面顏色。每年都綻放漂亮花朵。

Crispum
Adenium somalense var. *crispum*
纖細葉片與粗壯幹基最漂亮。易長枝條。

Socotranum
Adenium obesum ssp. *socotranum*
沙漠玫瑰屬植物中的最大級種，但日本栽培時長成棒狀。葉與主莖顏色深濃。

沙漠玫瑰屬・棒槌樹屬・麻瘋樹屬栽培行事曆　夏型種

項目	3月	4月	5月	6月	7月	8月	9月	10月	11月	12月	1月	2月
植株狀態	休眠	生長							生長緩慢	休眠		
		開花										
擺放場所	照得到陽光的窗邊		日照充足、通風良好 有遮雨設施的室外						因種類而不同，避免氣溫低於5至10℃ 照得到陽光的窗邊			
澆水	長出葉子為止斷水。三月中旬以後出現葉長葉徵兆 氣溫穩定後，開始減少澆水		用土完全乾燥時充分澆水						減少澆水	開始落葉後，漸漸減少澆水 完全落葉後斷水		
施肥			一個月一次施稀薄液肥									
作業		移植・修剪・播種		移植・修剪								

▲噴灑殺蟲劑。

※以日本關東地區平地為基準。視栽培環境而定，實際範圍更廣。

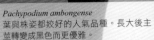
安博棒錘樹
Pachypodium ambongense
葉與株姿都姣好的人氣品種。長大後主
莖轉變成黑色而更優雅。

惠比壽笑
Pachypodium brevicaule
以橫向生長的扁平芋薯狀部位最獨特。耐夏季
悶熱能力弱，需擺在通風良好的場所管理。

Eburneum
Pachypodium eburneum
春季開黃色花。以低矮粗壯株姿最富魅
力。落葉後需減少澆水。

象牙宮
Pachypodium rosulatum ssp. *gracilius*
種在排水良好的用土裡，避免溫度低於
15℃，邁入春季後可室外栽培。

天馬空
Pachypodium succulentum
開白色花，花分布著深粉紅色條紋。塊
根部分長得很粗壯。

Namaquanum（光堂）
Pachypodium namaquanum
自生於南非的知名塊根植物。歸類為夏型
種，但生長期為秋季至春季。

畢之比
Pachypodium bispinosum
日本栽種時，以長出芋薯狀部位為主
流，當地通常埋入土裡以保護身體。

非洲霸王樹
Pachypodium lamerei
體質較強健，生長期淋雨也健康地生
長。展開生長的葉也魅力無窮。

蘭香
Jatropha spicata
春季至秋季的溫暖季節亦可室外栽培。
耐寒能力弱，落葉後需斷水。

回歡草屬
長壽城屬
Anacampseros
Ceraria

Data
回歡草科・馬齒莧科・刺戟木科
南非・澳洲・美國等
春秋型種（接近冬型種）
細根類型
難易度 ★★★困難

Anacampseros sp.
Anacampseros sp.
深濃暗紫色小葉相連，橫向蔓延生長繁殖。需擺在半遮蔭場所管理。

櫻吹雪
Anacampseros rufescens f. *variegata*
吹雪之松的斑葉種。體質強健，生長期為春季與秋季，夏季休眠。紅葉時期轉變成鮮豔粉紅色。

特徵&栽培訣竅

　　顆粒狀小葉，狀似毛毛蟲與蛇的草姿等，形狀獨特的族群。生長期為春季與秋季，日間溫暖，晚間涼爽，晝夜溫差較大時期健康生長。不耐盛夏強烈光線，使用寒冷紗或移往半遮蔭場所，將日照調得更柔和。感覺乾燥時澆水。不喜嚴寒氣候，最低溫度5℃以上即可過冬。

茶笠
Anacampseros baeseckei var. *crinite*
小球狀葉大量堆疊生長，葉尾長出修長白鬚。開粉紅色漂亮花朵。

Depauperata
Anacampseros filamentosa var. *depauperata*
小球狀葉往上堆疊生長，尾端抽出花莖後開花。

回歡草屬・長壽城屬栽培行事曆　春秋型種（接近冬型種）

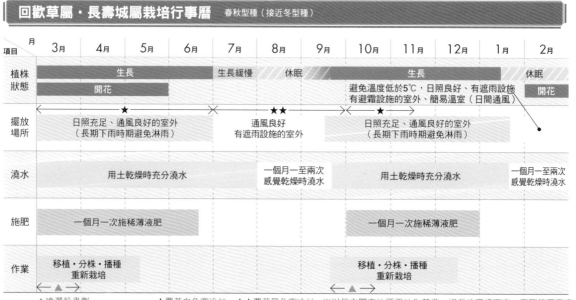

項目\月	3月	4月	5月	6月	7月	8月	9月	10月	11月	12月	1月	2月
植株狀態	生長				生長緩慢	休眠		生長				休眠
	開花						避免溫度低於5℃，日照良好、有遮雨設施 有避霜設施的室外、簡易溫室（日間通風）					開花
擺放場所	★				★★			★				
	日照充足、通風良好的室外（長期下雨時期避免淋雨）				通風良好 有遮雨設施的室外			日照充足、通風良好的室外（長期下雨時期避免淋雨）				
澆水	用土乾燥時充分澆水				一個月一至兩次 感覺乾燥時澆水			用土乾燥時充分澆水				一個月一至兩次 感覺乾燥時澆水
施肥	一個月一次施稀薄液肥							一個月一次施稀薄液肥				
作業	移植・分株・播種 重新栽培							移植・分株・播種 重新栽培				

▲噴灑殺蟲劑。　　　　★覆蓋白色寒冷紗　★★覆蓋黑色寒冷紗　※以日本關東地區平地為基準。視栽培環境而定，實際範圍更廣。

葡萄吹雪
Anacampseros baeseckei
小顆粒狀葉聚集生長,可長成5cm左
右,初夏開粉紅色花。

韌錦
Anacampseros alstonii
長著鱗片狀銀色短葉。需擺在通風良好場所
栽培。生長期為春季與秋季,夏季休眠。

Namaensis
Anacampseros papyacea ssp. namaensis
擺在明亮半遮蔭場所,減少澆水。冬季溫
度確保5℃以上,夏季以斷水感覺栽培。

銀蠶
Anacampseros albissima
草姿宛如毛毛蟲。密布鱗片狀白色葉。一
整年都需促進通風,減少澆水。

延壽城
Ceraria pygmaea
可欣賞塊根與多肉質葉。生長期為春季與
秋季,夏季休眠。長著葉子期間澆水。

桃花延壽城
Ceraria fruticulosa
長著小顆粒狀葉,株姿奇特,長成灌木
狀。比較容易栽培的種類。

百歲蘭屬
非洲蘇鐵屬

Welwitschia
Encephalartos

奇想天外

Welwitschia mirabilis
一生只長2片葉。生長期根部討厭乾燥。
冬季最低溫需10℃以上。

Data

百歲蘭科・堅果鳳尾蕉科	非洲
夏型種	粗根類型・細根類型
難易度	★★★困難

特徵 & 栽培訣竅

百歲蘭科自生於非洲納米布
沙漠。生長期需處於經常有水分狀
態。冬季也不斷水，適合採用半濕
地水生植物栽培方法。葉片基部存
在生長點，葉折斷或損傷為致命
傷。喜愛30至40℃氣溫，冬季最
低溫需10℃以上。兩種都需要擺
在一年四季日照充足的場所，但秋
季至冬季期間，非洲蘇鐵屬需減少
澆水，留意霜害。

Horridus

Encephalartos horridus
生長緩慢，耐溫差能力強。植株小巧，
夏季悶熱根部易腐爛，需留意。

百歲蘭屬・非洲蘇鐵屬栽培行事曆　夏型種

項目 月	3月	4月	5月	6月	7月	8月	9月	10月	11月	12月	1月	2月
植株狀態	休眠		生長						生長緩慢	休眠		
			開花									
擺放場所	照得到陽光的窗邊		日照充足、通風良好 有遮雨設施的室外						因種類而不同，避免溫度低於5至10℃ 太陽照得到的窗邊			
澆水			用土完全乾燥時充分澆水						減少澆水	開始落葉後，漸漸減少澆水 完全落葉後斷水		
	長出葉子為止斷水，三月中旬以後出現葉長葉徵兆，氣溫穩定後，開始減少澆水											
施肥			一個月一次施稀薄液肥									
作業			移植・修剪					修剪				

▲噴灑殺蟲劑。

※以日本關東地區平地為基準。視栽培環境而定，實際範圍更廣。

苦瓜掌屬
星鐘花屬
麗杯角屬

Echidnopsis
Huernia
Hoodia

Angustiloba
Echidnopsis angustiloba
重點為擺在通風良好的半遮蔭場所栽培。耐寒能力較弱，斷水後溫度需維持5至7℃以上。

縞馬（Zebrina錦）
Huernia zebrine f. variegata
形狀獨特，突起部分宛如棘刺。分布著鮮豔的黃色斑。開海星形花朵。

Data

夾竹桃科	非洲等
夏型種	細根類型
難易度	★★難度稍高

特徵＆栽培訣竅

　　三種皆自生於非洲等乾燥地區。麗杯角屬喜愛日照，另外兩種喜愛一年四季都半遮蔭的環境。耐暑耐寒能力皆弱，不耐悶熱，栽培時需留意。主要生長期為夏季，日本栽培時，需以寒冷紗等，遮擋強烈直射陽光，調節成柔和光線，或擺在明亮的半遮蔭場所。冬季休眠期需斷水，最低氣溫需確保5至10℃。

Pillansii（阿修羅）
Huernia pillansii
莖部群聚生長棘刺般細毛，植株基部開出海星形花朵。需擺在通風良好場所栽培。

Gordonii
Hoodia gordonii
莖部伸長，周圍長出許多棘刺，形狀宛如仙人掌。栽培重點為通風與澆水。

苦瓜掌屬・星鐘花屬・麗杯角屬栽培行事曆　夏型種

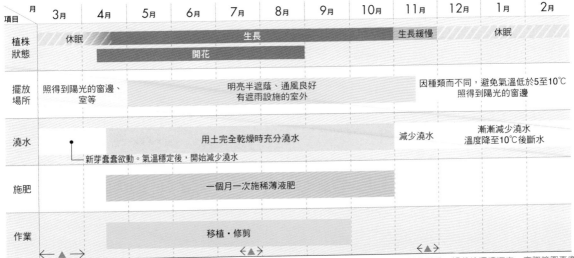

項目 ＼ 月	3月	4月	5月	6月	7月	8月	9月	10月	11月	12月	1月	2月
植株狀態	休眠		生長						生長緩慢	休眠		
		開花										
擺放場所	照得到陽光的窗邊、室等		明亮半遮蔭、通風良好有遮雨設施的室外						因種類而不同，避免氣溫低於5至10℃照得到陽光的窗邊			
澆水			用土完全乾燥時充分澆水						減少澆水	漸漸減少澆水溫度降至10℃後斷水		
	新芽蠢蠢欲動。氣溫穩定後，開始減少澆水											
施肥			一個月一次施稀薄液肥									
作業			移植・修剪									

▲噴灑殺蟲劑。

※以日本關東地區平地為基準。視栽培環境而定，實際範圍更廣。

131

厚敦菊屬
黃菀屬

Othonna
Senecio

Capensis 'Rubby Necklace'

Othonna capensis 'Rubby Necklace'
日文名紫月，秋季綠葉轉變成紫色。0度
以下出現化水現象。

刨花厚敦菊

Othonna retrorsa
塊根系多肉植物，枯葉與莖部重疊，姿態
獨特。休眠期一個月兩次迅速地澆水。

Data

菊科	非洲・印度・中美等
冬型種・春秋型種	細根類型
難易度	★容易
	（部分難度稍高）

特徵＆栽培訣竅

　　兩種皆為菊科的同類，耐寒性較強的族群。喜愛一年四季日照充足的場所。秋季夜間氣溫下降後開始生長。促進通風，長出葉片後開始澆水。溫暖地區栽種時，避免接觸到霜與北風，不乏可擺在屋簷下栽培的種類。初夏休眠後需斷水，夏季需促進通風，擺在半遮蔭場所栽培。

　　黃菀屬討厭悶熱，夏季半休眠，乾燥時澆水。

黑鬼殿

Othonna euphorbioides
廣受歡迎的喬木類塊根植物。枝條尾端
長著棘刺狀花柄，長出新芽後依然存在。

厚敦菊屬・黃菀屬栽培行事曆　春秋型種（原產於馬達加斯加島的品種耐寒性較弱）

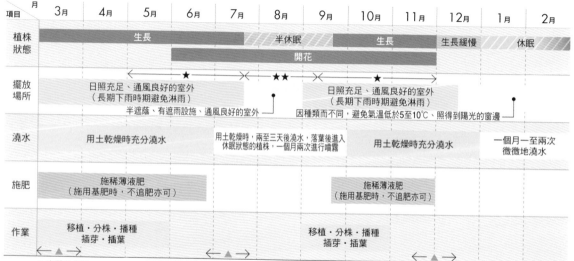

項目 \ 月	3月	4月	5月	6月	7月	8月	9月	10月	11月	12月	1月	2月
植株狀態		生長				半休眠		生長		生長緩慢	休眠	
				開花								
擺放場所		日照充足、通風良好的室外（長期下雨時期避免淋雨） 半遮蔭、有遮雨設施、通風良好的室外				★★		日照充足、通風良好的室外（長期下雨時期避免淋雨） 因種類而不同，避免氣溫低於5至10℃、照得到陽光的窗邊				
澆水		用土乾燥時充分澆水				用土乾燥時，兩至三天後澆水，落葉後進入休眠狀態的植株，一個月兩次進行噴霧		用土乾燥時充分澆水			一個月一至兩次微微地澆水	
施肥		施稀薄液肥（施用基肥時，不追肥亦可）						施稀薄液肥（施用基肥時，不追肥亦可）				
作業		移植・分株・播種插芽・插葉						移植・分株・播種插芽・插葉				

▲噴灑殺蟲劑。　　★覆蓋白色寒冷紗　★★覆蓋黑色寒冷紗　※以日本關東地區平地為基準。視栽培環境而定，實際範圍更廣。

斑葉綠之鈴（Angel Tears）

Senecio herrianus f. *variegata*
綠之鈴的斑葉種，耐悶熱能力弱，本種
為斑葉種時，體質強健，性質強。

銀月

Senecio haworthii
生長緩慢，栽培難度稍高。需擺在通風
良好、日照柔和的場所栽培。

大型銀月

Senecio haworthii
以覆蓋著天鵝絨狀白毛的葉片最漂亮。
夏季需減少澆水，促進通風。

P o i n t

黃菀屬於生長期進行截剪
調節整體協調
以插芽方式繁殖

銀月等莖部粗壯的類型，植
株太高或徒長時，進行截剪，透
過插芽繁殖吧！插葉不易繁殖，
因此進行插芽。莖部留長一點，
以剪刀修剪，切口乾燥後才插入
栽培盆，進行繁殖。插芽繁殖適
期為進入生長期之後。

枝條留長一點，修剪後
處理成插穗。親株切口
也會長出新芽。

綠之鈴

Senecio rowleyanus
以圓葉相連生長的姿態最迷人。生長期
擺在屋外淋雨也健康地生長。

七寶珠錦

Senecio articulatus 'Candlelight'
團子狀莖部相連生長，外型奇特。喜愛
柔和光線，乾燥時充分澆水。

白斑綠之鈴

Senecio rowleyanus f. *variegata*
白斑種綠之鈴。不耐夏季悶熱，易化水
而枯萎。

沒藥樹屬
決明屬
乳香屬

Commiphora
Senna
Boswellia

Data

橄欖科・豆科・橄欖科	
非洲・馬達加斯加島等	
夏型種	細根類型
難易度	★★難度稍高

乳香沒藥

Commiphora holtziana
夏季生長，不耐冬季寒冷。必須擺在10℃
以上環境。長出葉片後即可室外栽培。

Logologo

Commiphora sp. logologo
可栽培成盆栽狀，姿態姣好，風格絕佳的粗
幹。冬季寒冷需留意。體質強健，容易栽培。

特徵&栽培訣竅

　　沒藥樹屬與乳香屬溫度達到
10℃以上即可過冬，日本栽種
時，擺在溫度15℃左右環境下，
確實作好保護措施，促使植株不落
葉，緩慢生長，植株就會健康地生
長。生長期充分照射陽光，擺在通
風良好場所栽培，最低溫15℃以
上，生長狀況安定後，即可於室外
栽培。長期下雨時期需留意。決明
屬栽培方法幾乎大同小異，日照不
足時易徒長，需留意。

沙漠蘇木

Senna meridionalis
一到夜裡，園葉就閉合，早上才打開。
長出新芽後修剪，即可調整成盆栽風。

尼哥乳香

Boswellia neglecta
主莖粗壯，長出葉片，狀況穩定後即可移往室
外。休眠期溫度確保10℃以上，發芽狀況更好。

沒藥樹屬・決明屬・乳香屬栽培行事曆　夏型種

項目 / 月	3月	4月	5月	6月	7月	8月	9月	10月	11月	12月	1月	2月
植株狀態	休眠		生長						生長緩慢		休眠	
		開花										
擺放場所	陽光照得到的窗邊或溫室等		日照充足、通風良好有遮雨設施的室外						因種類而不同，避免溫度低於10至15℃照得到陽光的窗邊或溫室等			
澆水	長出葉子為止斷水，四月以後出現長葉徵兆，氣溫穩定後開始減少澆水		用土完全乾燥時充分澆水						減少澆水	開始落葉後，漸漸減少澆水完全落葉後斷水		
施肥			一個月一次施稀薄液肥									
作業			移植・修剪					修剪				

←▲→　　←▲→
　　　<▲▲>　　　　　　　　　　　　　　　　　　　　　　　　　　　　　　<▲>

▲噴灑殺蟲劑。　　　　　　　　　　　　　　　　　　　　　　　　　※以日本關東地區平地為基準。視栽培環境而定，實際範圍更廣。

岩桐屬 薯蕷屬 刺眼花屬

Sinningia
Dioscorea
Boophone

Data

苦苣苔科・薯蕷科・石蒜科
非洲・中美等
冬型種（部分夏型種） 細根+粗根類型
難易度 ★★難度稍高

斷崖女王
Sinningia leucotricha
大塊根與覆蓋天鵝絨般葉。生長期喜愛水分。落葉後需斷水。

Elephantipes（龜甲龍）
Dioscorea elephantipes
夏末開始生長，夏季休眠。最低氣溫5℃以上即可越冬。另有芋薯狀部位每年都更新的種類。

特徵＆栽培訣竅

岩桐屬為苦苣苔的同類，地下部分形成塊根，喜愛半遮蔭環境。冬季休眠期地上部分枯萎，留下塊莖，春季長出新芽。生長期需擺在明亮半遮蔭場所，促進通風，用土乾燥前澆水。薯蕷屬可大致分成夏型種與冬型種，墨西哥產屬於夏型種。冬季需移入溫室管理以促使休眠。非洲產屬於冬型種。刺眼花屬為冬型種球根植物，初秋時節長葉後，進入生長期。

布風花
Boophane disticha
體質強健，容易栽培。室外栽培需日照充足、促進通風。日本栽種時，生長期葉較稀疏。

Point

**布風花生長期擺在室外
促進通風，更健康生長**

刺眼花屬為體質強健類型，布風花出葉片後，進入生長期。國外進口，或許是紓解進口過程中累積壓力吧！長葉時期還不穩定，可能出現春季長葉或夏季長葉等情形。除了長期下雨時期之外，布風花淋雨也無妨。擺在室外，促進通風，更順利度過生長期。

擺在通風良好，有屋頂的陽台等場所栽培的布風花。

岩桐屬・薯蕷屬・刺眼花屬栽培行事曆　冬型種（薯蕷屬為夏型種・冬型種）

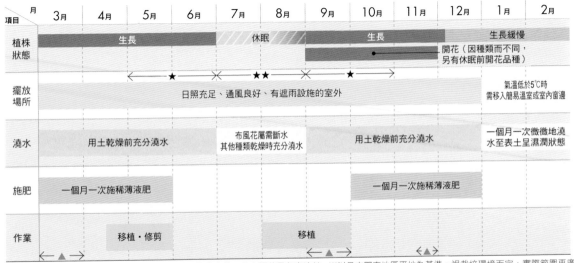

項目／月	3月	4月	5月	6月	7月	8月	9月	10月	11月	12月	1月	2月
植株狀態	生長				休眠		生長			生長緩慢 開花（因種類不同，另有休眠前開花品種）		
擺放場所		日照充足、通風良好、有遮雨設施的室外 ★／★★／★								氣溫低於5℃時 需移入簡易溫室或室內窗邊		
澆水	用土乾燥前充分澆水				布風花屬需斷水 其他種類乾燥時充分澆水		用土乾燥前充分澆水			一個月一次微微地澆水至表土呈濕潤狀態		
施肥	一個月一次施稀薄液肥							一個月一次施稀薄液肥				
作業		移植・修剪				移植						

▲噴灑殺蟲劑。　★覆蓋白色寒冷紗　★★覆蓋黑色寒冷紗　※以日本關東地區平地為基準。視栽培環境而定，實際範圍更廣。

豹皮花屬
凝蹄玉屬
Stapelianthus
Pseudolithos

Data

夾竹桃科	
	非洲・馬達加斯加島等
夏型種	細根類型
難易度	★★★困難

毛絨角

Stapelianthus pilosus
栽培重點為一年四季都擺在半遮蔭場所,促進通風。耐暑、耐寒能力皆弱。花朵形狀酷似海星。

方形凝蹄玉

Pseudolithos cubiformis
長成四方形,形狀奇特的植物。以顏色與表皮最富魅力。耐暑、耐寒能力皆弱。

特徵&栽培訣竅

　　以獨特外型最吸引人的族群。一整年都擺在有遮雨設施的室外栽培,建議挑選通風良好的明亮半遮蔭場所。通風不良時,易因悶熱傷害而枯萎。生長期為春季至秋季,天氣轉涼後,漸漸減少澆水,冬季偶而微微地噴霧,於近似斷水狀態下管理。春季天氣回暖後,漸漸增加澆水。

Herardheranus

Pseudolithos herardheranus
日本栽種時,形狀像綠色霜淇淋,自生地時長成扁平圓錐形。

Mccoyi

Pseudolithos mccoyi
族群中體質較強健,表皮深綠,花朵酷似顏色黝黑的海星。

豹皮花屬・凝蹄玉屬栽培行事曆　夏型種

項目 ＼ 月	3月	4月	5月	6月	7月	8月	9月	10月	11月	12月	1月	2月
植株狀態	休眠				生長				生長緩慢	休眠		
			開花									
擺放場所	照得到陽光的窗邊或溫室		環境明亮、通風良好 有遮雨設施的室外						因種類而不同,避免氣溫低於5至10℃ 照得到陽光的窗邊			
澆水	斷水 三月中旬後,氣溫穩定時,開始減少澆水		用土完全乾燥時充分澆水						減少澆水	漸漸減少澆水 氣溫低於10℃時斷水		
施肥			一個月一次施稀薄液肥 ※如果種植時有加入基肥,則不需再施給。									
作業			移植・修剪				修剪					
	← ▲ →			← ▲ →					← ▲ →			

▲噴灑殺蟲劑。

※以日本關東地區平地為基準。視栽培環境而定,實際範圍更廣。

琉桑屬
椒草屬
馬齒莧樹屬

Dorstenia
Peperomia
Portulacaria

Data

桑科・胡椒科・刺戟木科
亞洲南部・中南美・南非等

夏型種　細根類型

難易度　★★難度稍高

特徵 & 栽培訣竅

　　琉桑屬自生於南非等地區,春季生長。適合擺在不會直射陽光的明亮遮蔭場所,冬季需斷水。馬齒莧樹屬分布於南非、北美等地區,為松葉牡丹的同類。耐暑能力強,但耐冬季寒冷能力弱,接觸到霜後,易出現化水現象而枯萎,因此,冬季溫度需確保5℃以上。春季至秋季的生長期,充分地澆水與施肥,更容易分枝、健康地生長。椒草屬栽培方法如同馬齒莧樹屬。

巨琉桑

Dorstenia gigas
綠色葉,具光澤感。生長期喜愛水分。體質強健,但耐寒能力較弱,因此冬季需斷水。

Morokiensis

Portulacaria morokiniensis
長著碩大圓葉,開漂亮黃色花。生長期喜愛水分,不耐冬季寒冷,落葉後需斷水。

琉桑屬・椒草屬・馬齒莧樹屬栽培行事曆　夏型種

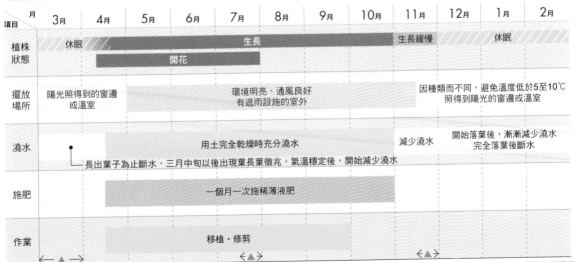

項目 \ 月	3月	4月	5月	6月	7月	8月	9月	10月	11月	12月	1月	2月
植株狀態	休眠	生長							生長緩慢	休眠		
		開花										
擺放場所	陽光照得到的窗邊或溫室		環境明亮、通風良好 有遮雨設施的室外						因種類而不同,避免溫度低於5至10℃ 照得到陽光的窗邊或溫室			
澆水		用土完全乾燥時充分澆水							減少澆水	開始落葉後,漸漸減少澆水 完全落葉後斷水		
	長出葉子為止斷水,三月中旬以後出現葉長葉徵兆,氣溫穩定後,開始減少澆水											
施肥		一個月一次施稀薄液肥										
作業		移植・修剪										

← ▲ →　　　　　　　　　　　　　　　　← ▲ ▶　　　　　　　　　　　　← ▲ ▲ →

▲噴灑殺蟲劑。

※以日本關東地區平地為基準。視栽培環境而定,實際範圍更廣。

琉桑（Foetida Daruma Type）

Dorstenia foetida f.
春季長出葉子後開始澆水，需擺在半遮蔭場
所栽培。冬季斷水，避免接觸寒冷空氣。

塔翠草

Peperomia columella
以小葉相連生長的草姿最富魅力。夏季需擺在半遮蔭場所
管理。冬季斷水，溫度確保5℃以上。

黃斑琉桑

Dorstenia foetida f. *variegata*
葉分布著複雜的黃色葉斑，需擺在涼爽的
半遮蔭場所栽培。自家授粉後形成種子。

Lavrani

Dorstenia lavrani
雌雄同株的小型塊根植物。生長緩慢，易分枝。
栽培時需促進通風，長期下雨時期避免淋雨。

雅樂之舞

Portulacaria afra f. *variegata*
栽培成大株後，主莖更粗壯，長出更多側芽的草姿，更值
得好好地欣賞。接觸到霜後出現化水現象。

福桂樹屬
天竺葵屬
鳳嘴葵屬

Fouquieria
Pelargonium
Monsonia

Data

福桂樹科・牻牛兒苗科
中美・南非等

福桂樹科為夏型種（接近春秋型種）
其他種類為冬型種　細根類型

難易度　★★難度稍高

特徵 & 栽培訣竅

　　自生於墨西哥、南非等乾燥地區或斜坡上，主莖與莖部肥大化的種類。一整年都必須充分日照。日本栽培時，生長期以春季與秋季為主，夏季進入半休眠狀態。耐寒能力較強，不乏適合溫帶地區室外栽培的種類。冬季避免接觸到霜與北風，最低溫度需維持在5℃。生長期乾燥時充分澆水。鳳嘴葵屬也以Sarcocaulon名稱流通市面。

Columnaris（觀峰玉）
Fouquieria columnaris
討厭暑熱天氣，體質強健，耐寒能力較強。生長期以春季與秋季為主，寒冬期減少澆水。

簇生福桂樹
Fouquieria fasciculata
植株基部隨著生長而膨脹，長成塊根狀。喜愛日照充足與通風良好的環境。

墨西哥福桂樹
Fouquieria macdougalii
體質強健，容易栽培，近似夏型種的春秋型。植株長大後，亦可移往屋簷下栽培。

Christophoranum
Pelargonium christophoranum
主莖與莖部長粗壯後宛如盆栽。夏季需斷水，擺在涼爽場所越夏，秋季長出葉片後開始澆水。

福桂樹屬・天竺葵屬・鳳嘴葵屬栽培行事曆　福桂樹屬為夏型種・天竺葵屬・鳳嘴葵屬為冬型種

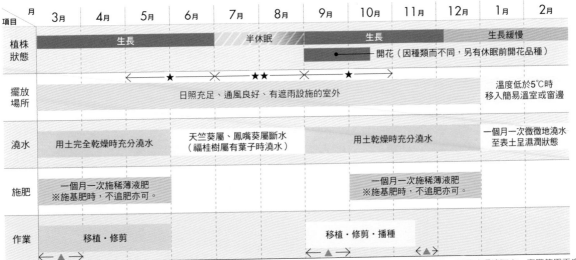

月 項目	3月	4月	5月	6月	7月	8月	9月	10月	11月	12月	1月	2月
植株狀態	生長				半休眠		生長			生長緩慢		
							●—— 開花（因種類而不同，另有休眠前開花品種）					
		← ★	→	← ★★	→		← ★	→				
擺放場所	日照充足、通風良好、有遮雨設施的室外									溫度低於5℃時移入簡易溫室或窗邊		
澆水	用土完全乾燥時充分澆水			天竺葵屬、鳳嘴葵屬斷水（福桂樹屬有葉子時澆水）			用土乾燥時充分澆水			一個月一次微微地澆水至表土呈濕潤狀態		
施肥	一個月一次施稀薄液肥 ※施基肥時，不追肥亦可。						一個月一次施稀薄液肥 ※施基肥時，不追肥亦可。					
作業	移植・修剪						移植・修剪・播種					
	← ▲ →						← ▲ →		← ▲▲ →			

▲噴灑殺蟲劑。　　　★覆蓋白色寒冷紗　★★覆蓋黑色寒冷紗　※以日本關東地區平地為基準，視栽培環境而定，實際範圍更廣。

羽葉洋葵

Pelargonium triste
冬型種塊根植物，初秋長出葉子後開始
澆水。夏季需斷水，促進通風。

龍骨葵

Monsonia crassicaulis
夏季休眠，秋季開始生長。開白色花，
長著尖銳棘刺。

Multifida

Monsonia multifida
初秋長葉子後開始澆水。夏季休眠期一
個月一次左右，迅速地澆水。

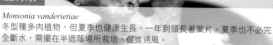

龍骨扇

Monsonia vanderietiae
冬型種多肉植物，但夏季也健康生長，一年到頭長著葉片。夏季也不必完
全斷水，需擺在半遮蔭場所栽培，促進通風。

樹幹洋葵

Pelargonium mirabile
生長期水分控制在最低限度就不徒長。混雜生長的枝條上長著
銀色葉。

Herrei

Monsonia herrei
喜愛照射陽光，生長期需充分日照，用土乾燥時充分澆水。棘刺尖銳。

Patersonii

Monsonia patersonii
開漂亮粉紅色花，以長著棘刺的粗壯莖部與主莖最富魅力。
夏季需促進通風，擺在涼爽場所管理。

［ 植物名索引 ］

あ

緑冰／Ice Green ……… 47
愛染錦 ……… 39
象牙塔／Ivory Pagoda … 51
圓筒仙人掌屬／
　Austrocylindropuntia …84
蓮花掌屬／Aeonium … 38
青渚蓮 ……… 43
青柳 ……… 105
赤刺金冠龍 ……… 91
茜之塔 ……… 51
赤花高砂 ……… 98
龍舌蘭屬／Agave … 106
龍舌蘭牡丹×黑牡丹 … 88
Aglow ……… 63
阿修羅→Pillansii … 131
明日香姬 ……… 98
花籠屬／Aztekium … 85
星球屬／Astrophytum … 86
松塔掌屬／Astroloba … 108
假西番蓮屬／Adenia … 124
沙漠玫瑰屬／Adenium … 126
阿特密 ……… 69
天錦章屬／
　Adromischus … 40
Anacampseros sp. … 128
回歡草屬／
　Anacampseros … 128
香蕉魔南／Anagensis … 68
花蔓草屬／Aptenia … 70
Amethystinum→
　醉美人 ……… 55
綾波錦 ……… 90
沙漠玫瑰（阿拉伯種）… 126
岩牡丹屬／Ariocarpus … 88
Allionii ……… 63
韌錦 ……… 129
銀置（回歡草屬）……… 129
Albissima（溝草山屬）… 95
哨兵花屬／Albuca … 112
Alexanderi ……… 103
菱鮫屬／Aloinopsis … 71
蘆薈屬／Aloe … 110
Aross ……… 63
Angustiloba ……… 131
安波沃本大戟／
　Ambovombensis … 120
安博棒錘樹／
　Ambongense … 127
Inermis／九頭龍 … 120
Intermedia ……… 95
Indica ……… 59
Wittebergense ……… 74
Winkrelii ……… 60
花飾球屬／Weingartia … 95
西方彩虹／
　West Rainbow ……… 46
百歲蘭屬／Welwitschia … 130
烏羽玉 ……… 89
香蕉虎尾蘭／
　Ehrenbergii Banana … 114
苦瓜掌屬／Echidnopsis … 131
金鯱屬／Echinocactus … 90

碧魚蓮屬／Echinus … 72
鹿角柱屬／
　Echinocereus ……… 92
Ectypum brownii … 74
Ecklonii／鬼笑 … 123
擬石蓮花屬／Echeveria … 42
Estagnol ……… 51
白裳屬／Espostoa … 93
惠比壽笑 ……… 127
月世界屬／Epithelantha … 94
Eburneum ……… 127
Ebony ……… 42
Eborispina ……… 107
極光球屬／Eriosyce … 95
Elishae ……… 76
Erinacea ……… 110
Elephantipes／龜甲龍 … 135
Elongata ……… 99
斑葉綠之鈴／
　Angel Tears ……… 133
非洲蘇鐵屬／
　Encephalartos ……… 130
老樂 ……… 93
黃金冠 ……… 91
黃金月兔耳→
　Golden Rabbit ……… 48
王妃甲蟹 ……… 106
王妃甲蟹錦 ……… 106
大疣瑠璃兜 ……… 86
大型銀月 ……… 133
大型
　Helenae enrieddo … 74
大型綠塔 ……… 51
大津繪 ……… 81
虎眼萬年青屬／
　Ornithogalum ……… 113
大紅卷絹 ……… 63
Aurora ……… 60
Oddity／百惠 ……… 64
厚敦菊屬／Othonna … 132
Ecklonii／
　鬼笑→Eckloni ……… 123
Ohio Burgundy ……… 64
Opalina→白薰玉 ……… 83
Obtusa ……… 116
仙人掌屬／Opuntia … 84
晃玉／Obesa ……… 120
Obesum ……… 126
Opera Rose ……… 75
蓋果漆屬／
　Operculicarya ……… 124
朧月 ……… 55
橄欖玉 ……… 81
Olibiae ……… 98
Orgyalis→仙人之舞 … 48
瓦松屬／Orostachys … 41
Oncoclada綴化 ……… 122
昂斯洛／Onslow ……… 47
恩塚鸞鳳玉 ……… 86

か

海王丸 ……… 96
改元丸 ……… 91
雅樂之舞 ……… 138
臥牛Kirara ……… 108
陽炎 ……… 99

圓葉黑法師／
　Cashmere violet ……… 38
厚舌草屬／Gasteria … 108
火星丸 ……… 96
Gazelle ……… 64
峨眉山 ……… 120
兜丸 ……… 86
Capensis 'Rubby
　Necklace' ……… 132
唐扇 ……… 71
伽藍菜屬／Kalanchoe … 48
Cauliflower ……… 88
巨人柱屬／Carnegiea … 93
Carminanthum ……… 96
變疣青瓷牡丹 ……… 89
凱特／Cante ……… 44
觀峰玉→Columnaris … 139
巨牡丹／Gigas ……… 116
巨琉桑／Gigas
　（桑科琉桑屬）……… 137
菊光玉 ……… 80
菊章玉 ……… 81
菊水 ……… 98
Xylophylloides／
　赫拉珊瑚 ……… 121
奇想天外 ……… 130
木立蘆薈 ……… 110
龜甲牡丹 ……… 88
龜甲龍→Elephantipes … 135
紀之川 ……… 52
藻玲玉屬／Gibbaeum … 73
葡萄甕屬／
　Cyphostemma ……… 124
Cipolinicola ……… 110
Kimnachii ……… 52
黃斑Kimnachii ……… 52
裸萼球屬／
　Gymnocalycium ……… 96
卡蘿／Carol ……… 45
京美人→群雀 ……… 66
恐龍錦 ……… 108
恐龍臥牛 ……… 109
玉翁殿 ……… 99
玉扇 ……… 116
玉蓮 ……… 60
銀海波 ……… 79
銀冠玉 ……… 89
金環食 ……… 97
金冠龍 ……… 91
銀月 ……… 133
金晃丸 ……… 104
金鵄玉 ……… 91
金獅子 ……… 102
金鯱 ……… 90
銀鯱 ……… 99
錦繡玉 ……… 104
金城 ……… 117
銀箭 ……… 52
金手毬綴化 ……… 99
銀波錦 ……… 57
銀紐 ……… 92
銀牡丹 ……… 94
銀龍 ……… 75
Quartziticola ……… 110
九頭龍→Inermis … 120
Gnoma ……… 65

方形凝蹄玉／
　Cubiformis ……… 136
熊童子 ……… 57
熊童子錦 ……… 57
敦丘掌屬／
　Cumulopuntia ……… 103
藍黛蓮／Glauca
　（厚葉草屬×擬石蓮花屬）
　……… 67
幻蝶蔓／Glauca
　（假西番蓮屬）……… 124
象牙宮／Gracilius … 127
龍骨葵／Crassicaulis … 140
綠毛星／Crassula sp.
　Transvaal ……… 54
青鎖龍屬／Crassula … 51
Clavatum ……… 60
風車草屬×景天／
　Graptosedum ……… 55
風車草屬×景天屬／
　Graptopetalum ……… 55
風車草屬×擬石蓮花屬／
　Graptoveria ……… 56
Green Iguana ……… 117
綠色微笑／Green Smile … 44
綠之鈴／
　Green necklace ……… 133
Christophoranum … 139
Crispum ……… 126
Christmas ……… 44
聖誕卡蘿／
　Christmas Carol ……… 111
黑水晶 ……… 117
黑法師 ……… 38
球腺蔓／Globosa … 124
黑牡丹 ……… 88
群玉 ……… 79
群雀 ……… 66
群卵 ……… 65
蝦鉗花屬／Cheiridopsis … 73
香果石蒜屬／Gethyllis … 112
月花美人 ……… 66
毛羽玉 ……… 115
長壽城屬／Ceraria … 128
紅彩閣 ……… 121
紅葉鸞鳳玉 ……… 86
Gollum ……… 52
冰砂糖 ……… 117
黃金月兔耳／
　Golden Rabbit ……… 48
小龜姬／liliputana … 109
子寶錦 ……… 109
子寶弁慶草 ……… 48
銀波錦屬／Cotyledon … 57
子貓之爪 ……… 58
肉錐花屬／Conophytum … 74
小人之帽 ……… 94
小人祭 ……… 39
小松綠 ……… 61
沒藥樹屬／
　Commiphora ……… 134
古紫 ……… 43
子持蓮華 ……… 41
子持蓮華錦 ……… 41
頂花球屬／Coryphantha … 96
Gorgonis→金輪際 … 121

Gordonii ·········· 131
Columnaris／觀峰玉 139
塔翠草／Columella 138
寬葉彈簧草／
　　Concordiana ·········· 112
金碧 ·········· 97
金輪際 ·········· 121

さ
天馬空／Succulentum 127
櫻吹雪 ·········· 128
櫻龍 ·········· 70
笹之雪 ·········· 106
黃覆輪笹之雪 ·········· 106
圓葉天章／
　　Subdistichus ·········· 40
三角鸞鳳玉 ·········· 87
殘雪之峰 ·········· 102
虎尾蘭屬／Sansevieria 114
曝日／Sunburst ·········· 39
紫雲丸 ·········· 105
Jade Star ·········· 44
紫勳 ·········· 81
七福神 ·········· 45
七寶珠錦 ·········· 133
士童 ·········· 105
石蓮屬／Sinocrassula 59
巨兔／Giant Rabbit ·········· 48
鯱頭 ·········· 91
蛇紋玉 ·········· 96
上海玫瑰／
　　Shanghai Rose ·········· 64
秋麗 ·········· 55
朱唇玉 ·········· 82
數珠星 ·········· 52
Schwantesii→天女冠 78
將軍 ·········· 84
小公子 ·········· 75
白線王妃笹之雪錦 107
白鷺 ·········· 100
白拍子 ·········· 75
白星 ·········· 100
Silver Springtime ·········· 52
紫麗殿錦 ·········· 66
白鯱 ·········· 94
白牡丹 ·········· 56
新雪山（洛基白山）107
神蛇丸 ·········· 121
岩桐屬／Sinningia 135
神風 ·········· 73
神玉／Symmetrica 121
木樨景天／Suaveolens 61
翠冠玉／Diffusa 89
翠晃冠錦 ·········· 97
翠平丸 ·········· 90
超級兜 ·········· 87
Scimitariformis ·········· 114
Sucurensis ·········· 95
索贊蘆薈／Suzannae 111
Susannae／琉璃晃
（大戟屬）·········· 121
豹皮花屬／
　　Stapelianthus ·········· 136
毛肉錐／Stephanii 75
Strongirogonum ·········· 87
菊水屬／Strombocactus 98

雪豹／Snow Leopard 117
Sphalmantoides ·········· 77
蘭香／Spicata ·········· 127
鋼絲彈簧草／Spiralis 112
喜蘆薈薈／Suprafoliata 111
Spling Wander ·········· 61
四馬路 ·········· 59
櫻龍木屬／
　　Smicrostigma ·········· 70
溝寶山屬／
　　Sulcorebutia ·········· 95
青海波→
　　Lanceolata綴化 84
青磁玉 ·········· 82
佛甲草屬／Sedum 60
黃菀屬／Senecio 132
Zebra ·········· 117
縞馬（Zebrina錦）131
六角柱屬／Cereus 102
決明屬／Senna 134
仙人之舞 ·········· 48
長生草屬／
　　Sempervivum ·········· 63
象牙牡丹 ·········· 89
象之木→Discolor 125
Socotranum ·········· 126
孫悟空 ·········· 49

た
太古玉 ·········· 82
大祥冠 ·········· 97
大正麒麟 ·········· 121
大統領 ·········· 91
太平丸 ·········· 45
伊達法師 ·········· 39
仙女杯屬／Dudleya 65
玉翁 ·········· 100
玉稚兒 ·········· 53
達摩綠塔 ·········· 53
斷崖女王 ·········· 135
拈花玉屬／Tanquana 73
稚兒姿 ·········· 53
天女屬／Titanopsis 78
茶笠 ·········· 128
千代田錦 ·········· 111
奇峰錦屬／Tylecodon 65
Chihuahuaensis ·········· 44
月影丸 ·········· 100
月兔耳 ·········· 49
月美人 ·········· 66
爪蓮華 ·········· 41
艷日傘 ·········· 38
鶴巢丸 ·········· 91
姣麗球屬／
　　Turbinicarpus ·········· 94
薯蕷屬／Dioscorea 135
二歧蘆薈／Dichotoma 111
Discolor／象之木 125
布風花／Disticha 135
白牡丹錦 ·········· 56
Diffusa→翠冠玉 89
列加氏漆樹／Decaryi 125
沙漠之星／Desert Star 47
鐵甲丸 ·········· 121
泰迪熊／Teddy Bear 49
Depauperata ·········· 128

灰球掌屬／
　　Tephrocactus ·········· 103
Duwei ·········· 100
蝴蝶勳章／Terricolor 76
蝴蝶勳章／Terricolor
　　Messelpad ·········· 75
照波錦／
　　Terunami nishiki 77
瘤玉屬／Thelocactus 90
露子花屬／Delosperma 77
天女 ·········· 78
天女冠 ·········· 78
天平丸 ·········· 97
登天樂→Lindleyi 39
圖拉大戟／
　　Tulearensis ·········· 121
怒濤 ·········· 79
Dodosoniana ·········· 108
特葉玉蝶／
　　Topsy Turvy ·········· 44
巴 ·········· 53
叢尾草屬／
　　Trachyandra ·········· 112
龍爪／Dragon Toes 107
玉龜龍／Trichadenia 122
疏刺仙人柱／
　　Triglochidiatus ·········· 92
紫晃星屬／
　　Trichodiadema ·········· 71
毛葉立金花／
　　Trichophylla ·········· 115
羽葉洋葵／Triste 140
杜里萬蓮／
　　Tolimanensis ·········· 43
銀樺百合屬／Drimia 115
琉桑屬／Dorstenia 137
旋轉麒麟／Tortirama 122
海帶彈簧草／Tortilis 112
Truncata ·········· 107
姬玉露／
　　Truncata→Obtusa 116
紫姬玉露／Truncata 118

な
Namaensis ·········· 129
Namaquanum（光堂）127
虹之玉 ·········· 61
日輪玉 ·········· 83
女美月／Nivalis 46
晚霞之舞／
　　Neon Breakers 43
尼哥乳香／Neglecta 134
Novajin ·········· 47
野玫瑰之精 ·········· 45

は
毛姬星美人／
　　Purple Haze ·········· 61
Harlem Nocturne 116
Haudeana ·········· 100
葡萄吹雪／Baeseckii 129
十二卷屬／Haworthia 116
Haworthioides ·········· 115
摩天柱屬／
　　Pachycereus ·········· 93
白欖漆屬／

Pachycormus ·········· 124
厚葉草屬／
　　Pachyphytum ·········· 66
象足漆樹／Pachypus 125
厚葉草屬×擬石蓮花屬／
　　Pachyveria ·········· 66
棒槌樹屬／
　　Pachypodium ·········· 126
白雲閣綴化 ·········· 93
白銀之舞 ·········· 50
白薰玉 ·········· 83
白條複隆鸞鳳玉 ·········· 87
白閃小町 ·········· 104
白鳥 ·········· 100
白帝城 ·········· 118
白桃扇 ·········· 84
白斑玉露錦 ·········· 118
白鳳 ·········· 45
Pacific Zoftic ·········· 64
Patersonii ·········· 140
初戀 ·········· 56
花筏糊斑 ·········· 45
花筏錦 ·········· 44
花麗 ·········· 42
花籠 ·········· 85
花月夜 ·········· 46
Bunny cactus→白桃扇 84
薔薇丸 ·········· 94
Ballyi ·········· 125
巴里玉 ·········· 83
法利達／Valida 122
春星 ·········· 99
春萌 ·········· 61
Pallens ·········· 68
錦繡玉屬／Parodia 104
萬物想 ·········· 65
光之玉露 ·········· 118
光堂→Namaquanum 127
延壽城／Pygmaea 129
Pico ·········· 100
Viscosa錦 ·········· 118
畢之比／Bispinosum 127
Bighorn ·········· 53
Big Mock ·········· 118
雛鳩 ·········· 76
日出丸 ·········· 91
緋牡丹錦 ·········· 97
姬花月 ·········· 53
姬春星 ·········· 100
姬紅小松 ·········· 71
姬星美人 ·········· 62
姬綠 ·········· 53
微紋玉 ·········· 83
Pillansii／阿修羅 131
Pillansii錦 ·········· 109
飛龍 ·········· 122
Hilmarii ·········· 73
毛絨角／Pilosus 136
少將／Bilobum 76
Pinwheel ·········· 45
Pink Zaragosae 46
Hintonii ·········· 85
火唇／Fire Lip 45
簇生福桂樹／
　　Fasciculate ·········· 139
Fantasia Carol ·········· 44

Filicaulis ……… 40
白斑綠之鈴 ……… 133
刺眼花屬／Boophone ……… 135
棒葉花屬／Fenestraria ……… 78
Fergusoniae ……… 53
星鐘花屬／Huernia ……… 131
強刺球屬／Ferocactus ……… 90
Ferosior（裸萼球屬）……… 97
Ferocior（敦丘掌屬）……… 103
Fendleri ……… 92
琉桑／Foetida
（Daruma Type）……… 138
黃斑琉桑（Foetida錦）……… 138
肉黃菊屬／Faucaria ……… 78
福桂樹屬／Fouquieria ……… 139
福兔耳 ……… 50
福綠壽 ……… 93
富士 ……… 41
不死鳥 ……… 50
Pseudopectinifera ……… 85
凝蹄玉屬／
　Pseudolithos ……… 136
福娘 ……… 58
夢椿／Pubescens ……… 54
Pumila→白銀之舞 ……… 50
Humilis ……… 50
冬之星座 ……… 118
冬紅葉 ……… 50
土童屬／Frailea ……… 105
布朗玫瑰／Brown Rose ……… 43
摩南景天／
　Brachycaulos ……… 68
黑春鶯囀 ……… 109
菊瓦蓮／Platyphylla
（瓦蓮屬）……… 69
毛羽玉／Platyphylla
（銀樺百合屬）……… 115
費氏大戟／Francoisii ……… 122
Fran dance ……… 118
光玉屬／Frithia ……… 80
Bruynsii hyb×gigas ……… 119
燈泡／Burgeri ……… 76
Bruchii brigittae ……… 97
桃花延壽城／
Fruticulosa ……… 129
Pulvinaris→美鈴 ……… 72
麟芹屬／Bulbine ……… 113
對葉屬／Pleiospilos ……… 73
迷你蓮／Prolifera ……… 62
Pointeri montruosa ……… 101
姬朧月 ……… 55
鳳雛玉／Pearsonii ……… 76
Pointeri montruosa ……… 101
碧魚蓮 ……… 72
碧瑠璃鸞鳳玉 ……… 87
索馬里葡萄／Betiforme ……… 125
七星座／紅紋 ……… 74
Baby Sun rose ……… 70
嬰兒手指／Baby finger ……… 67
椒草屬／Peperomia ……… 137
赫拉珊瑚→
　Xylophylloides ……… 121
天竺葵屬／
　Pelargonium ……… 139
Herardheranus ……… 136
照波屬／Bergeranthus ……… 77

Pellucidum neohallii ……… 76
Verschaffeltii錦 ……… 107
Hernandezii ……… 101
Spiralis ……… 102
Herrei ……… 140
Herrei Green Ball ……… 40
Herrei Red Dorian ……… 40
斧突球屬／Pelecyphora ……… 94
Perezdelarosae ……… 101
弁慶柱 ……… 93
Pendens ……… 58
Pentlandii rossianus ……… 103
苯巴蒂斯／Ben Badis ……… 42
貝信麒麟／Poisonii ……… 122
Boylei ……… 111
鳳凰 ……… 107
蓬萊島 ……… 122
馬齒莧樹屬／
　Portulacaria ……… 137
麗杯角屬／Hoodia ……… 131
星乙女 ……… 54
星之林 ……… 119
星美人 ……… 67
乳香屬／Boswellia ……… 134
牡丹玉 ……… 97
Horridus ……… 130
黃斑魁偉玉 ……… 122
瑞典摩南／Polyphylla
（摩南景天屬）……… 68
螺旋蘆薈
（Polyphylla・蘆薈屬）……… 111
Poririnze ……… 46
生石花／Volkii ……… 83
乳香沒藥／Holtziana ……… 134

瑪格麗特／
　Margarete Reppin ……… 56
舞乙女 ……… 54
雄叫武者屬／
　Maihueniopsis ……… 84
墨西哥福桂樹／
　Macdougalii ……… 139
Macropus ……… 125
旋葉姬星美人／Major ……… 62
斑葉黑法師 ……… 38
Mccoyi ……… 136
Matudae ……… 101
Mammifera ……… 105
乳突球屬／Mammillaria ……… 98
繭形玉 ……… 83
Margarethae ……… 113
滿月 ……… 101
萬象 ……… 118
Mandragora ……… 84
美鈴 ……… 72
Midway ……… 43
綠龜之卵 ……… 62
綠水晶錦 ……… 119
綠福來玉 ……… 83
綠蛇 ……… 54
南十字星 ……… 54
明星 ……… 101
鏡球／Mirror Ball ……… 119
Miracle兜 ……… 87
Miraclepicta A ……… 119

樹幹洋葵 ……… 140
龍神柱屬／
　Myrtillocactus ……… 102
千兔耳／Millotii ……… 50
無比玉 ……… 73
紫太陽 ……… 92
紫帝玉 ……… 73
Multifida ……… 140
Multifolium ……… 113
明鏡 ……… 39
明鏡錦 ……… 39
墨西哥巨人／
　Mexican Giant ……… 47
Mesembryanthemoides ……… 113
沙漠蘇木／Meridionalis ……… 134
花座球屬／Melocactus ……… 104
Mocinianum ……… 62
摩南景天屬／Monanthes ……… 68
白斑麒麟座 ……… 45
紅葉祭 ……… 53
百惠→Oddity ……… 64
桃美人 ……… 67
摩氏玉蓮／Moranii ……… 47
Morokiensis ……… 137
鳳嘴葵屬／Monsonia ……… 139

八千代 ……… 62
麻瘋樹屬／Jatropha ……… 126
夕霧 ……… 101
雄姿城錦 ……… 119
雄姿城 白斑 ……… 119
大戟屬／
　Euphorbia（夏型種）……… 120
大戟屬／
　Euphorbia（冬型種）……… 123
黑鬼殿／
　Euphorbioides ……… 132
尤伯球屬／Uebelmannia ……… 85
Uthaensis ……… 107
Unifolium ……… 113
夢殿 ……… 54
嫁入娘 ……… 58
夜之彌撒 ……… 103

Lauii ……… 42
Rauschii ……… 95
大雪蓮／Laulindsa ……… 44
納金花屬／Lachenalia ……… 115
Lavrani ……… 138
Lavranos錦 ……… 114
非洲霸王樹／Lamerei ……… 127
Ramosissima ……… 111
Lanceolata綴化 ……… 84
生石花屬／Lithops ……… 81
蚊香彈簧草／Linearis ……… 112
絲葦屬／Rhipsalis ……… 105
龍骨扇 ……… 140
龍神木 ……… 102
Liliputana→小龜姬 ……… 109
Lindleyi ……… 39
Luethyi ……… 101
紅番屬／Ruschia ……… 72
玉蝶錦／Lenore Dean ……… 47
Rubrispinus→紫太陽 ……… 92

琉璃晃→Susannae ……… 121
Leslie ……… 67
小紅莓／Redberry ……… 62
刨花厚敦菊／Retrorsa ……… 132
革命／Revolution ……… 47
Remota ……… 54
連山 ……… 89
蘿拉／Lola ……… 46
Logologo ……… 134
瓦蓮屬（Rosularia）……… 69
Roseiflora→赤花高砂 ……… 98
洛基白山→新雪山 ……… 107
Robin ……… 47
鳥羽玉屬／Lophophora ……… 88
Lobelii ……… 104
Rorida ……… 114
羅西瑪／Longissima ……… 46

わ
若綠 ……… 54

國家圖書館出版品預行編目資料

專家級多肉植物栽植密技：500 個多肉品種圖鑑＆
栽種訣竅／霍岡秀明著；林麗秀譯.
-- 初版 . - 新北市：噴泉文化館出版，2019.9
　面；　公分 . -- (自然綠生活；32)
ISBN 978-986-98112-0-0(平裝)

1. 仙人掌目 2. 栽培

435.48　　　　　　　　　　　108014227

自然綠生活 32
Green Life style

專家級多肉植物栽植密技：
500 個多肉品種圖鑑＆栽種訣竅

作　　　　者／霍岡秀明
譯　　　　者／林麗秀
發　行　人／詹慶和
總　編　輯／蔡麗玲
執 行 編 輯／劉蕙寧
編　　　　輯／蔡毓玲・黃璟安・陳姿伶・陳昕儀
執 行 美 術／韓欣恬
美 術 編 輯／陳麗娜・周盈汝
內 頁 排 版／韓欣恬
出　版　者／噴泉文化館
發　行　者／悅智文化事業有限公司
郵政劃撥帳號／19452608
戶　　　　名／悅智文化事業有限公司
地　　　　址／新北市板橋區板新路 206 號 3 樓
電　　　　話／ (02)8952-4078
傳　　　　真／ (02)8952-4084
網　　　　址／ www.elegantbooks.com.tw
電 子 信 箱／ elegant.books@msa.hinet.net

2019 年 9 月初版一刷　定價 480 元

これでうまくいく！よく育つ多肉植物ＢＯＯＫ
© HIDEAKI TSURUOKA 2017
Originally published in Japan by Shufunotomo Co., Ltd.
Translation rights arranged with Shufunotomo Co., Ltd.
Through Keio Cultural Enterprise Co., Ltd.

經銷／易可數位行銷股份有限公司
地址／新北市新店區寶橋路 235 巷 6 弄 3 號 5 樓
電話／ (02)8911-0825　傳真／ (02)8911-0801

版權所有 ・ 翻印必究
(未經同意，不得將本書之全部或部分內容使用刊載) 本書如有缺頁，
請寄回本公司更換

著者
霍岡秀明　Hideaki Tsuruoka

Profile
從事仙人掌＆多肉植物栽培銷售，
為東京屈指可數的多肉專門店——
鶴仙園第三代負責人。專注於多
肉植物，尤其是十二卷屬，戮力充
實第一代、第二代負責人長期累
積的專業技術與品項陣容，打造出
日本國內數一數二的超人氣店。曾
擔任 NHK《趣味の園藝》講師。
運用感興趣的衝浪，推出植物與衝
浪的聯名商品。幾乎每天更新的
Instagram 也廣受好評。目前有駒
込本店與西武池袋店。

鶴仙園網站
http://sabo10.tokyo

[instagram]
https://www.instagram.com/
sabo10fam/

Staff
協力／　　　　西武池袋本店　鶴仙園
構成・編輯／澤泉美智子
攝影／　　　　弘兼奈津子
　　　　　　　佐山裕子（主婦の友社）
　　　　　　　柴田和宣（主婦の友社）
圖片／　　　　霍岡貞男　霍岡秀明
AD ／　　　　日高慶太（monostore）
裝幀・設計／庭月野楓（monostore）
DTP ／　　　　馬場武彥
　　　　　　　（株式会社アズワン）
插畫／　　　　岩下紗季子
校正／　　　　大塚美紀（聚珍社）
責任編輯／　　平井麻理（主婦の友社）

自然綠生活02
懶人最愛的
多肉植物&仙人掌
作者：松山美紗
定價320元
21×26 cm·96頁·彩色

自然綠生活03
Deco Room with Plants
人氣園藝師打造的綠意&
野趣交織的創意生活空間
作者：川本諭
定價：450元
19×24 cm·112頁·彩色

自然綠生活04
配色×盆器×多肉屬性
園藝職人の多肉植物組盆筆記
作者：黑田健太郎
定價：480元
19×26 cm·160頁·彩色

自然綠生活05
雜貨×花與綠的自然家生活
香草·多肉·草花·觀葉植
物的室內&庭園搭配布置訣竅
作者：成美堂出版編輯部
定價：450元
21×26 cm·128頁·彩色

自然綠生活06
陽台菜園聖經
有機栽培81種蔬果，
在家當個快樂的盆栽小農！
作者：木村正典
定價：480元
21×26 cm·224頁·彩色

自然綠生活07
紐約森呼吸·
愛上綠意圍繞の創意空間
作者：川本諭
定價：450元
19×24 cm·114頁·彩色

自然綠生活08
小陽台の果菜園&香草園
從種子到饗桌，食在好安心！
作者：藤田智
定價：380元
21×26 cm·104頁·彩色

自然綠生活09
懶人植物新寵
空氣鳳梨栽培圖鑑
作者：藤川史雄
定價：380元
14.7×21 cm·128頁·彩色

自然綠生活10
迷你水草造景×生態瓶の
入門實例書
作者：田畑哲生
定價：320元
21×26 cm·80頁·彩色

自然綠生活11
可愛無極限·
桌上型多肉迷你花園
作者：Inter Plants Net
定價：380元
18×24 cm·104頁·彩色

自然綠生活12
sol×sol的懶人花園·與多肉
植物一起共度的好時光
作者：松山美紗
定價：380元
21×26 cm·96頁·彩色

自然綠生活13
黑田園藝植栽密技大公開：
一盆就好可愛的多肉組盆
NOTE
作者：黑田健太郎·栄福綾子
定價：480元
19×26 cm·104頁·彩色

自然綠生活14
多肉×仙人掌迷你造景花園
作者：松山美紗
定價：380元
21×26 cm·104頁·彩色

自然綠生活15
初學者的
多肉植物&仙人掌日常好時光
編著：NHK出版
監修：野里元哉·長田研
定價：350元
21×26 cm·112頁·彩色

自然綠生活16
Deco Room with Plants here
and there 美式個性風×
綠植栽空間設計
作者：川本諭
定價：450元
19×24 cm·112頁·彩色

自然綠生活17
在11F-2的
小花園玩多肉的365日
作者：Claire
定價：420元
19×24 cm·136頁·彩色

自然綠生活18
以綠意相伴的生活提案
授權：主婦之友社
定價：380元
18.2×24.7 cm·104頁·彩色

自然綠生活19
初學者也OK的森林原野系
草花小植栽
作者：砂森聡
定價：380元
21×26 cm·80頁·彩色

自然綠生活20
多年生草本植物栽培書：
從日照條件了解植物特性
作者：小黑晃
定價：480元
21×26 cm·160頁·彩色

自然綠生活21
陽臺盆栽小菜園
自種·自摘·自然食在
授權：NHK出版
監修：北条雅章·石倉ヒロユキ
定價：380元
21×26 cm·120頁·彩色

自然綠生活22
室內觀葉植物精選特集
作者：TRANSHIP
定價：450元
19×26 cm・136頁・彩色

自然綠生活23
親手打造私宅小庭園
授權：朝日新聞出版
定價：450元
21×26 cm・168頁・彩色

自然綠生活 24
廚房＆陽台都OK
自然栽培的迷你農場
授權：BOUTIQUE-SHA
定價：380元
21×26 cm・96頁・彩色

自然綠生活 25
玻璃瓶中的植物星球 以苔蘚・空氣鳳梨・
多肉・觀葉植物 打造微景觀生態花園
授權：BOUTIQUE-SHA
定價：380元
21×26 cm・82頁・彩色

綠庭美學01
木工＆造景
綠意的庭園DIY
授權：BOUTIQUE-SHA
定價：380元
21×26 cm・128頁・彩色

綠庭美學02
自然風庭園設計BOOK
設計人必讀！花木×雜貨演繹空間氛圍
授權：MUSASHI BOOKS
定價：450元
21×26 cm・120頁・彩色

自然綠生活 26
多肉小宇宙
多肉植物的生活提案
作者：TOKIIRO
定價：380元
21×22 cm・96頁・彩色

綠庭美學03
我的第一本花草園藝書
作者：黑田健太郎
定價：450元
21×26 cm・128頁・彩色

綠庭美學04
雜貨×植物の
綠意角落設計BOOK
授權：MUSASHI BOOKS
定價：450元
21×26 cm・120頁・彩色

自然綠生活 27
人氣園藝師
川本諭的植物＆風格設計
學
作者：川本諭
定價：450元
19×24 cm・120頁・彩色

綠庭美學05
樹形盆栽入門書
作者：山田香織
定價：580元
16×26 cm・168頁・彩色

花草集01
最愛的花草日常
有花有草就幸福的365日
作者：增田由希子
定價：240元
14.8×14.8 cm・104頁・彩色

自然綠生活28
生活中的綠舍時光
30位IG人氣裝飾家＆
綠色植栽的搭配布置
作者：主婦之友社◎授權
定價：380元
15 × 21 cm・152頁・彩色